ANORGANISCHE UND ALLGEMEINE CHEMIE
IN EINZELDARSTELLUNGEN

HERAUSGEGEBEN VON

MARGOT BECKE-GOEHRING

BAND III

CHEMISCHE BINDUNG UND MOLEKÜLSTRUKTUR

VON

L. E. SUTTON
D. PHIL., F. R. S., OXFORD

ÜBERTRAGEN VON

DR. EKKEHARD FLUCK
HEIDELBERG

MIT 77 ABBILDUNGEN

SPRINGER-VERLAG
BERLIN · GÖTTINGEN · HEIDELBERG
1961

ISBN 978-3-642-52683-1   ISBN 978-3-642-52682-4 (eBook)
DOI 10.1007/978-3-642-52682-4

Alle Rechte, insbesondere das der Übersetzung in fremde Sprachen, vorbehalten

Ohne ausdrückliche Genehmigung des Verlages ist es auch nicht gestattet, dieses Buch oder Teile daraus auf photomechanischem Wege (Photokopie, Mikrokopie) zu vervielfältigen

© by Springer-Verlag OHG. Berlin · Göttingen · Heidelberg 1961

Die Wiedergabe von Gebrauchsnamen, Handelsnamen, Warenbezeichnungen usw. in diesem Werk berechtigt auch ohne besondere Kennzeichnung nicht zu der Annahme, daß solche Namen im Sinn der Warenzeichen- und Markenschutz-Gesetzgebung als frei zu betrachten wären und daher von jedermann benutzt werden dürften.

Buchdruckerei Heinz Moos KG, Unterjesingen-Tübingen

Vorbemerkung

Im Sommersemester 1960 war Dr. L. SUTTON aus Oxford als Gast der Naturwissenschaftlich-mathematischen Fakultät in Heidelberg. Während dieser Zeit hat er vor einem Kreis von interessierten Doktoranden ein Seminar über Molekülstruktur und chemische Bindung gehalten. Im Anschluß an diese Stunden waren wir viel zusammen und haben über die angeschnittenen Fragen diskutiert. Sowohl meine Schüler wie auch ich selbst hatten von diesen Diskussionen einen außerordentlichen Gewinn. Wir empfingen aus diesen Gesprächen so viele Anregungen, daß in mir der Wunsch entstand, den Inhalt dieser Gespräche festzuhalten und anderen Chemikern, die sich mit der Synthese, mit dem Verhalten und der Struktur von anorganischen kovalenten Stoffen befassen, zugänglich zu machen. In dem vorliegenden Buch finden sich nun diese Vorstellungen, über die Dr. SUTTON zu uns gesprochen hat. Der Entstehungsgeschichte nach ist das Buch kein Lehrbuch, ja nicht einmal eine abgeschlossene Darstellung über das, was wir heute über Molekülstruktur und chemische Bindung wissen. Es gibt lediglich moderne Gedanken zu diesen Fragen wieder – Gedanken aber, deren Kenntnis für den Anorganiker förderlich und wichtig ist. Diese Gedanken sind mit all ihrer Problematik und Unvollständigkeit dargestellt worden; außerdem ist versucht worden, möglichst anschauliche Bilder zu benutzen, die für den Chemiker vielfach hilfreicher sind als exakte mathematische Formulierungen. Das Gedankengut kann im Laboratorium, wie ich glaube, dann fruchtbar werden, wenn man sich durch ein besinnliches Studium mit der Problematik der angeschnittenen Fragen vertraut macht.

Die deutsche Übersetzung versuchte sich den Gedankengängen des Autors korrekt anzupassen. Dabei war es unvermeidlich, daß der Stil etwas durch die ursprünglich englische Diktion bestimmt wurde.

M. BECKE-GOEHRING

Preface

Some of the characteristics of this book may be explained by its having been written almost accidentally. During the Summer Semester of 1960 I had the good fortune to be a guest at the Ruprecht-Karl University of Heidelberg where I gave a series of lectures on ,,The Role of d-Orbitals in Chemistry" intended primarily for the audience in the Inorganic Chemistry Institute. When I first wrote these I had no intention of publishing them; but Frau Professor Dr. M. BECKE invited me to expand them and make them into a monograph in the series "Anorganische und allgemeine Chemie in Einzeldarstellungen".

Although, naturally, I was pleased by this suggestion, I was also somewhat dismayed by it, for I guessed that my time in Heidelberg would barely suffice for me to complete the task. However, I was constantly encouraged and helped by my friends there; and even the weather was in a sense co-operative, for the summer was the coldest and wettest one for many years; so the job was done on time. I would not say that it was done entirely to my satisfaction; but at least I finished the work which I had planned.

This book is not an exhaustive or comprehensive treatment of molecular structure theory; it is intended to provide a survey of the theories currently available for discussing some of the salient characteristics of inorganic molecules, and to stimulate interest in this field of enquiry. Many topics which would be important in a more general treatment have deliberately been omitted. In general, too, I have not made any critical assessment of the success of the theories in the light of the observed facts.

Any elementary book must be dogmatic, especially when it aims largely to translate mathematical statements into verbal and pictorial ones. I have tried to make the dogma plausible by setting out what has to be assumed and accepted and then arguing more or less logically from these premises. By now there has developed a body of tradition in this peculiar art form, on which I have leaned heavily.

There are numerous acknowledgements, general and particular, which it is my duty and my pleasure to make. This is an opportunity to acknowledge long-standing debts to my former tutor, the late N. V. SIDGWICK, to P. DEBYE and LINUS C. PAULING, and more recent ones to C. A. COULSON, and to my former pupil, L. E. ORGEL from all of whom I have learnt much. I thank the Ruprecht-Karl University of Heidelberg very warmly for its invitation under the exchange scheme organized jointly by the Deutsche Akademische Austauschdienst and the British Council, and U. HOFMANN and M. BECKE-GOEHRING for accomodating me in the Inorganic Chemistry Institute.

Chapter 6 has already appeared as an article in the Journal of Chemical Education *37*, [1960], 498), and I am very grateful to the Editor, Professor WILLIAM F. KIEFFER, for agreeing to its incorporation. I thank GEORGE E. KIMBALL and the American Institute of Physics, Dr. G. W. LINNETT and the Faraday Society, L. E. ORGEL, the Chemical Society of London, the Institut International de Physique Solvay and the Pergamon Press, LINUS C. PAULING and the Cornell University Press, for permission to reproduce diagrams and tables as specified below.

The translation into German was done by Dr. EKKEHARD FLUCK, and it was scrutinized by Frau Professor Dr. M. BECKE. It has presented many nice semantic and linguistic problems, and I am most grateful for all the care and thought which has been given to this vital task. Dr. FLUCK has, indeed, done much more than translate the book: he has helped transform it by his constructive criticisms and encouragement.

It was exciting to be told in 1929[1] that "The underlying physical laws necessary for the mathematical theory of a large part of physics and the whole of chemistry are thus completely known." Thirty one years later it is somewhat exasperating still to find that "the difficulty is only that the exact application of these laws leads to equations much too complicated to be soluble", and this despite the great amount of effort which has been applied. Nobody is quite sure what uncertainties are introduced by the lack of rigour in the more qualitative discussions such as are presented in this book; and the difficulty of making truly quantitative calculations may mean that we cannot choose with confidence between several semiquantitative explanations of the same phenomenon. Nevertheless, a large part of the theory given herein is likely to stand for a long time. Other parts are being critically re-examined; and some are controversial. There is no immediate danger of unemployment in this field of effort, for either theorists or experimentalists.

Heidelberg, August 1960   L. E. SUTTON

---

[1] P.A. M. DIRAC, Proceeding of the Royal Society, A 123, 714 (1929)

Inhaltsverzeichnis

Die folgenden Abbildungen und Tabellen wurden mit Erlaubnis der Autoren und Verlage entnommen aus:

Abbildung 38 - LINUS PAULING: ,,The Nature of the Chemical Bond", 3rd Edition, 1960, Cornell University Press, Ithaca, New York

Abbildung 57 u. 62 - J. S. GRIFFITH und L. E. ORGEL: Quart. Rev., **11**, 381 (1957)

Abbildung 71 - J. D. DUNITZ und L. E. ORGEL: J. Chem. Physics, **23**, 954 (1955)

Abbildung 73, 74 u. 75 - J. W. LINNETT: Trans. Faraday Soc., **52**, 904 (1956)

Abbildung 76 - L. E. ORGEL: J. Inorg. Nucl. Chem., **2**, 315 (1956)

Tabelle 3 - G. E. KIMBALL: J. Chem. Physics, 8, 188 (1940)

Tabelle 6 - LINUS PAULING: ,,The Nature of the Chemical Bond", 3rd Edition, 1960, Cornell University Press, Ithaca, New York

Tabelle 13, 14 u. 15 - L. E. ORGEL: Rapport présenté au Xe Conseil de l'Institut International de Chimie Solvay, Bruxelles, Mai 1956, pp. 316, 317, 321

1. Grundlagen. Atomstruktur

a) Einführung

Im ersten Jahrzehnt dieses Jahrhunderts konnte mit Sicherheit gezeigt werden, daß ein Atom eine Art Miniatur-Sternsystem darstellt, in dem sich leichte, negativ geladene Elektronen um einen schweren, positiv geladenen Atomkern bewegen. Ein Molekül mußte eine Anhäufung solcher Systeme sein. Es wurde der Schluß gezogen, daß diese Anhäufung irgendwie durch die besonderen Bewegungen der Elektronen, die diese bezüglich der verschiedenen Kerne ausführen, zusammengehalten wurde. Solange jedoch die fundamentalen Gesetze für die Mechanik solcher mikro-mechanischer Systeme noch nicht aufgefunden waren, konnten aus dieser allgemeinen Konzeption kaum qualitative und noch weniger quantitative Beziehungen abgeleitet werden. KOSSEL hatte 1916 vorgeschlagen, daß durch den vollkommenen Übergang eines oder mehrerer Elektronen von einem Atom zu einem anderen Ionen gebildet und diese dann durch elektrostatische Kräfte zusammengehalten würden. Die auf diese Weise zustande gekommene Bindung bezeichnet man als heteropolar oder elektrovalent. Eine andere Art von chemischer Bindung, die homöopolare oder covalente Bindung, sollte nach einem Vorschlag von G. N. LEWIS (1916) dadurch entstehen können, daß zwei Atome gleichzeitig an zwei bindenden Elektronen Anteil haben. Obgleich beide Hypothesen inhaltsvoll und fruchtbar waren, entbehrten sie doch zur Zeit ihrer Aufstellung jeder exakten physikalischen Begründung. Diese wurde erst in der Folge gegeben, und ihre Entwicklung gehört zu den wichtigsten neueren Fortschritten der Naturwissenschaften.

b) Die Bohrsche Atomtheorie

Der erste Schritt zu der Entwicklung der Grundlagen einer Atomtheorie wurde von NIELS BOHR getan. Er erkannte, daß das „Sternsystem"-Atom nach den klassischen Gesetzen der Elektrodynamik nicht stabil sein konnte. Ein Elektron, das eine Planetenbahn beschreibt, unterliegt einer dauernden Beschleunigung. Nach den klassischen Gesetzen erzeugt aber eine beschleunigte Ladung elektromagnetische Strahlung und verliert daher Energie. Dies würde zur Folge haben, daß das planetenähnliche Elektron in immer näher um den Kern führende Bahnen gelangen würde. Die Frequenz der Strahlung und damit wiederum die Geschwindigkeit des Energieverlustes müßte immer größer werden. Die klassischen Gesetze würden deshalb zu einer Katastrophe führen, in der sich alle Atome und damit alle Dinge und Lebewesen spontan in elektromagnetische

Strahlung verwandeln würden. Da sich dies bis dahin noch nicht ereignet hatte, andererseits aber die experimentellen Hinweise auf die Richtigkeit des Planetenmodells der Atome so stark waren, schloß N. Bohr, daß die klassischen Gesetze nicht auf das Atom angewendet werden konnten. Sie mußten ersetzt werden. Er erkannte, daß das kurz zuvor von M. Planck eingeführte Energiequantum eine Lösung des Problems ermöglichte. Mit abnehmender Größe eines mechanischen Systems sind nämlich nach und nach neue Gesetze anzuwenden: In einem Atom hat eine neue Mechanik, die Quantenmechanik, Gültigkeit.

N. Bohr machte die Annahme, daß sich das Elektron auf einer kreisförmigen Bahn um den Atomkern bewegt und weiter, daß sich der Drehimpuls eines solchen planetenähnlichen Elektrons nicht kontinuierlich ändern kann, wie es nach den klassischen Gesetzen der Mechanik zu erwarten wäre, sondern diskrete Werte

$$n \cdot \frac{h}{2\pi}$$

annehmen muß. h ist das von M. Planck eingeführte Wirkungsquantum, n eine ganze Zahl. Es waren also nur gewisse Bahnen erlaubt. Befindet sich das Elektron in einer solchen Bahn, so kann es nicht kontinuierlich, sondern nur sprunghaft in eine andere Bahn übergehen, für die ihrerseits die gleichen Betrachtungen gelten. Die verschiedenen Bahnen sind durch verschiedene Werte von n charakterisiert. Die Größe n nennt man die Quantenzahl. Die kinetische Energie des Elektrons und seine elektrostatische potentielle Energie relativ zum Kern hängen in der Weise von der Quantenzahl n ab, daß die Gesamtenergie

$$E_n = - \frac{2\pi^2 Z^2 e^4 m}{n^2 h^2} \tag{1.1}$$

ist. $Z \cdot e$ ist die Ladung des Kerns in Einheiten der Elektronenladung e, und m bedeutet die Masse des Elektrons.

Wenn das Elektron von einer Bahn mit der Quantenzahl n_1 auf eine andere Bahn mit der Quantenzahl n_2 springt und $n_1 > n_2$ ist, nimmt seine Energie ab. Bohr postulierte, daß die der Differenz entsprechende Energie in Form eines Strahlenquantums der Frequenz v abgegeben werden muß, das durch Gl. (1.2) wiedergegeben ist:

$$h \cdot v = \frac{2\pi^2 Z^2 e^4 m}{h^2} \left(\frac{1}{n_1^2} - \frac{1}{n_2^2} \right) \tag{1.2}$$

Ist deshalb beispielsweise $n_1 = 2$ und $n_2 = 1$, so erhält man für

$$h \cdot v = \frac{2\pi^2 Z^2 e^4 m}{h^2} \left(\frac{1}{4} - \frac{1}{1} \right) \tag{1.3}$$

Die Elektronenbahnen und die ihnen entsprechenden Energien, d. h. die sog. Energieniveaus verhalten sich zueinander, wie es in Abb. 1a und 1 b dargestellt ist.
Ist $n_1 < n_2$, so wird Strahlungsenergie von derselben Frequenz absorbiert anstatt emittiert.

Damit war sowohl für die Tatsache, daß das Spektrum eines Atoms aus einer Serie von Linien besteht, wie auch für das empirisch von RYDBERG formulierte Gesetz für die Frequenzen des Wasserstoffspektrums eine Erklärung gefunden. Nach RYDBERG gilt:

$$\nu = R_H \cdot h \left(\frac{1}{n_1{}^2} - \frac{1}{n_2{}^2} \right) \tag{1.4}$$

Die jetzt möglich gewordene a priori-Berechnung der Rydberg-Konstante R_H ergab mit den experimentell gefundenen Werten gut übereinstimmende Größen. Noch vollständiger ist die Übereinstimmung, wenn man in Gl. (1.3) anstelle von m die reduzierte Masse μ

$$\mu = \frac{m \cdot M}{m + M} \tag{1.5}$$

benützt. M bedeutet in Gl. (1.5) die Masse des Atomkerns.

Damit war der Wahrheitsgehalt der Bohrschen Theorie erwiesen.

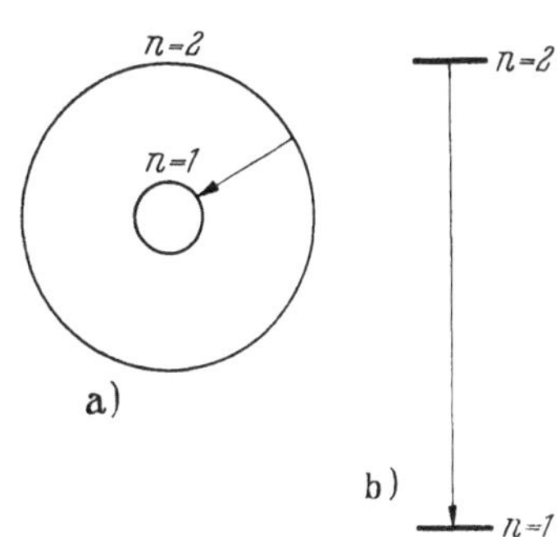

Abb. 1 a. Die Bohrschen Kreisbahnen für das Wasserstoffatom mit $n = 1$ und $n = 2$

Abb. 1 b. Die Elektronen-Energieniveaus für das Wasserstoffatom mit $n = 1$ und $n = 2$

SOMMERFELD und WILSON erweiterten die Bohrsche Theorie. Da ein Atom ein dreidimensionales System darstellt, sind drei Polarkoordinaten r, ϑ und φ erforderlich, um die Lage eines Elektrons zu bestimmen[1]. Daher sind zur Bestimmung der erlaubten Elektronenbahnen bzw. Energieniveaus auch drei Quantenzahlen n, k und m notwendig. Diese werden als Hauptquantenzahl, azimutale und magnetische Quantenzahl bezeichnet. Die Werte von k und m sind für eine gegebene Hauptquantenzahl n begrenzt. n bestimmt die Hauptachse einer elliptischen Bahn, k die Nebenachse und m die Neigung der Ebene der Ellipse gegen ein äußeres magnetisches Feld.

Diese erweiterte Theorie gab Anregung zu einer raschen Entwicklung der Atomspektroskopie in der zweiten Dekade dieses Jahrhunderts, und es dauerte nicht lange, bis man auf Unzulänglichkeiten stieß.

Zur Erklärung der Energieniveaus, die aus den für mehrelektronische Atome beobachteten Spektren abgeleitet worden waren, schien es notwendig, die Sommerfeld-Wilsonsche Quantenzahl k durch eine andere, die sog. Nebenquantenzahl l zu ersetzen, wobei

$$l = k - 1 \tag{1.6}$$

war. Es wurde außerdem postuliert, daß m die Werte

$$m = +\,l,\, +\,(l-1),\,\ldots 0,\,\ldots -(l-1),\, -l \tag{1.7}$$

annehmen konnte.

Weiter war es nötig zu postulieren, daß das Elektron um eine polare Achse rotiert, daß es in beiden möglichen Richtungen rotieren kann und

---

[1] BOHR hatte nur eine Winkel-Koordinate berücksichtigt.

1*

daß diese Rotationen oder Elektronenspins durch die Quantenzahl s charakterisiert sind. Die Spinquantenzahl s kann die Werte $+\frac{1}{2}$ und $-\frac{1}{2}$ annehmen.

Diese Korrekturen zeigten, daß die ursprüngliche Theorie in ihrer Grundauffassung richtig war. Die Entwicklung einer besseren theoretischen Grundlage der Atomtheorie entsprang, ziemlich unerwartet, den Bemühungen, neue physikalische Beobachtungen zu verstehen. Es hatte sich nämlich gezeigt, daß kleine Teilchen vermöge ihrer Bewegung wellenähnlichen Charakter haben. Schnell bewegte Elektronen können an einem Kristallgitter ebenso wie Röntgenstrahlen gebeugt werden, während sich andererseits Strahlungsquanten bei der Kollision mit Elektronen wie kleine Teilchen verhalten.

c) Wellenmechanik

Das Verständnis dieses Dualismus zwischen Welle und Teilchen entsprang einer noch neueren Form der Quantenmechanik, die als Wellenmechanik bekannt geworden ist. Unabhängig voneinander und fast gleichzeitig haben W. HEISENBERG und E. SCHRÖDINGER 1925/1926 zwei verschiedene Formulierungen aufgestellt. SCHRÖDINGERS Formulierung ist die für den Chemiker leichter zugängliche, und wir werden uns im folgenden ausschließlich mit ihr beschäftigen. Vorher muß jedoch noch ein von W. HEISENBERG klar ausgesprochenes Prinzip erwähnt werden.

HEISENBERG erkannte, daß es hinsichtlich der Genauigkeit, mit der *sowohl* der Ort *als auch* der Impuls eines sehr leichten Teilchens gleichzeitig beobachtet werden können, eine Grenze geben muß, weil alle Möglichkeiten, den Ort des Teilchens festzustellen, seinen Impuls ändern würden und umgekehrt. Eine ähnliche „Unschärferelation" gilt für die gleichzeitige Beobachtung von Zeit und Energie eines Systems. Aus diesem Prinzip folgt, daß es nicht möglich ist, die grundlegende Idee der klassischen Mechanik, daß eine Gleichung die augenblickliche Lage und den augenblicklichen Impuls eines Elektrons definieren kann, beizubehalten[1]. Statt dessen müssen wir uns mit einer Gleichung zufriedengeben, die weniger eingehende Auskünfte gibt, d. h. die nur die wahrscheinliche Elektronenverteilung für eine bestimmte Gesamtenergie oder die genauen Energien wiedergibt, wenn keine Zeitangabe erforderlich ist.

Die Grundlagen der Schrödingerschen Wellenmechanik sind in einer Gleichung und in gewissen ergänzenden Feststellungen enthalten. Für ein sich in einem System bewegendes Teilchen sind zur Beschreibung der Position dieses Teilchens drei Koordinaten nötig. Unter Verwendung von Cartesianischen Koordinaten[2] ist die Schrödingersche Gleichung für

---

[1] Da die Unschärferelation besagt, daß Unschärfe des Ortes x Unschärfe des Impulses *oder* Unschärfe der Zeit x Unschärfe der Energie $\approx h$ ist, d. h. da das Produkt der Unschärfen einen bestimmten absoluten Wert hat, ist die Wirkung dieser Unschärfen umso größer, je kleiner die Masse der bewegten Teilchen ist. Wegen der geringen Masse des Elektrons, ist die Wirkung der Unschärferelation in Systemen bewegter Elektronen von größter Bedeutung.

[2] Unter Verwendung von Polarkoordinaten würde die algebraische Form der Schrödingerschen Gleichung verschieden und komplizierter sein.

einen stationären, d. h. zeitunabhängigen Zustand des Systems durch Gl. (1.8) wiedergegeben:

$$\frac{d^2\,\Psi\,(x,y,z)}{dx^2} + \frac{d^2\,\Psi\,(x,y,z)}{dy^2} + \frac{d^2\,\Psi\,(x,y,z)}{dz^2} - \frac{8\,\pi^2 m}{h^2}\left[V(x,y,z)-W\right]\Psi(x,y,z) = 0$$

$$(1.8)$$

Jede Funktion $\Psi(x, y, z)$, die die Bedingungen der Differentialgleichung (1.8) erfüllt, ist eine ihrer Lösungen; m bedeutet die Masse des Teilchens, h die Plancksche Konstante. $V(x, y, z)$ ist eine Funktion, die die potentielle Energie des Teilchens für verschiedene Werte von x, y und z für ein bestimmtes System angibt; W ist unabhängig von x, y und z und kann daher als eine Konstante beschrieben werden. Diese kann jedoch für verschiedene Funktionen Ψ_1, Ψ_2, . . ., die der Gleichung genügen, verschieden sein und ist es gewöhnlich auch. Die entsprechenden Werte von W sind W_1, W_2 . . . W ist die Gesamtenergie, d. h. die Summe von kinetischer und potentieller Energie des Systems. Verschiedene Systeme einzelner Teilchen werden verschiedene V-Funktionen haben. Dementsprechend werden auch die diesen Gleichungen genügenden Ψ-Funktionen verschieden sein. Entsprechen zwei oder mehr verschiedene Funktionen Ψ_1, Ψ_2, . . . dem gleichen Wert von W, so bezeichnet man sie als entartet. M. BORN interpretierte das Quadrat irgendeiner Funktion $\Psi(x, y, z)$ als die wahrscheinliche Verteilung des Teilchens in Ausdrücken der Veränderlichen x, y und z[1]. Da die Wahrscheinlichkeit, das Teilchen irgendwo innerhalb der Grenzen der Veränderlichkeit von x, y und z zu finden, gleich 1 sein muß, gilt

$$\int \Psi'^2\, dx\, dy\, dz = 1 \qquad (1.9)$$

Deshalb darf Ψ nicht unendlich werden und für jede Gruppe von x-, y- und z-Werten nur einen Wert haben. Kann eine Wellenfunktion $\Psi(x,y,z)$ in die einzelnen Funktionen $\psi(x)$, $\psi(y)$ und $\psi(z)$ aufgelöst werden, so stellt sie das Produkt dieser Teilfunktionen dar, d. h. es gilt Gl. (1.10)

$$\Psi(x,y,z) = \psi(x)\,\psi(y)\,\psi(z) \qquad (1.10)$$

Lösungen von Gleichungen obiger Art zeigen die Eigenschaft der Orthogonalität, d. h. für zwei beliebige Funktionen, z. B. Ψ_1 und Ψ_2 gilt Gl. (1.11)

$$\int \Psi_1\,\Psi_2\, dx\, dy\, dz = 0 \qquad (1.11)$$

Sind Ψ_1 und Ψ_2 zwei genügende Lösungen der Wellengleichung, so stellt eine lineare Kombination dieser beiden Funktionen, wie

$$\Psi = \alpha\,\Psi_1 + \beta\,\Psi_2 \qquad (1.12)$$

ebenfalls eine genügende Lösung dar. Hier müssen α und β der Bedingung Gl. (1.13) genügen:

$$\int(\alpha\Psi_1 + \beta\Psi_2)^2 d\tau = 1 \qquad (1.13)$$

---

[1] M. BORN: Z.f. Physik, **37**, 863; **38**, 803 (1926)

Oft ist es bequemer, die Wellenfunktion in der Form Gl. (1.14)

$$\Psi = \frac{1}{N}\,(a'\,\Psi_1 + \beta'\,\Psi_2) \tag{1.14}$$

zu schreiben, wobei $N \cdot a = a'$ und $N \cdot \beta = \beta'$ ist. N ist durch die Bedingung Gl. (1.13) bestimmt und heißt Normalisierungsfaktor. In diesem Buch sind der Einfachheit halber nur angenäherte Normalisierungsfaktoren verwendet. Der einer solchen linearen Kombination entsprechende Wert von W wird gewöhnlich von W_1 oder W_2 verschieden sein. Zuletzt bleibt noch zu erwähnen, daß irgendeine willkürliche Funktion von x, y und z, beispielsweise $F(x, y, z)$, aus den Wellenfunktionen, die genügende Lösungen einer Wellengleichung mit den gleichen Veränderlichen darstellen, aufgebaut werden kann. Um aber eine beliebig gute Näherung an die Funktion $F(x, y, z)$ zu finden, muß man eine unendlich große Zahl von Teilfunktionen gebrauchen, d. h.

$$F(x, y, z) = a\,\Psi_1 + \beta\,\Psi_2 + \gamma\,\Psi_3 + \ldots \text{ ad infinitum} \tag{1.15}$$

Es kann leicht gezeigt werden[1], daß bei bekannter Wellenfunktion Ψ_n für einen besonderen Quantenzustand eines Systems, die Gesamtenergie W_n für diesen Zustand im Prinzip einfach berechnet werden kann. Dies bedeutet, daß man aus der Wellenfunktion zur Gesamtenergie gelangen kann. Weiter kann sie auch andere physikalische Eigenschaften des Systems wiedergeben, wie z. B. seine elektrische oder magnetische Suszeptibilität, und daher ist sie der letzte Schlüssel zu allen Eigenschaften überhaupt.

Das einfachste Atom, das Wasserstoffatom, enthält nur ein Elektron, und die Wellengleichung läßt sich für dieses Problem exakt lösen. Aus

---

[1] Der formale Weg für diesen Prozeß kann wie folgt abgeleitet werden. Gl. (8) kann für die besondere Wellenfunktion Ψ_n und die Gesamtenergie W_n so formuliert werden, wie es Gl. (18 a) zeigt.

$$W_n\Psi_n = -\frac{h^2}{8\,\pi^2 m}\left(\frac{\partial^2\Psi_n}{\partial x^2} + \frac{\partial^2\Psi_n}{\partial y^2} + \frac{\partial^2\Psi_n}{\partial y^2}\right) + V\Psi_n \tag{1.8a}$$

Die Gleichung ändert sich nicht, wenn beide Seiten mit Ψ_n multipliziert werden und ebenso, wenn der resultierende Ausdruck über die Veränderlichen x, y und z integriert wird, so daß man Gl. (1.8 b) erhalten kann.

$$\int\!\!\int\!\!\int \Psi_n\left\{-\frac{h^2}{8\pi^2 m}\left(\frac{\partial^2\Psi_n}{\partial x^2} + \frac{\partial^2\Psi_n}{\partial y^2} + \frac{\partial^2\Psi_n}{\partial z^2}\right) + V\Psi_n\right\} dx\,dy\,dz =$$

$$= \int\!\!\int\!\!\int \Psi_n W_n \Psi_n\, dx\,dy\,dz = W_n \int\!\!\int\!\!\int \Psi_n^2\, dx\,dy\,dz = W_n \tag{1.8 b}$$

Dies ist erlaubt, weil W_n eine Konstante ist und weil das Integral $\int\!\int\!\int \Psi_n^2\, dx\,dy\,dz$ wegen der Normalisierungsbedingungen, die durch Gl. (1.9) ausgedrückt sind, gleich 1 sein muß.

Um W_n zu bestimmen, muß deshalb das komplizierte Integral der Gl. (1.8 b) ermittelt werden. Gewöhnlich ist es nicht möglich, dies ganz genau zu tun, so daß man bei vielen Anwendungen der Wellenmechanik in der Chemie auf Näherungsrechnungen und halbquantitative oder sogar nur qualitative Ergebnisse angewiesen ist.

der Lösung folgen die Quantenzahlen n, l und m. Es sei hervorgehoben, daß diese Quantenzahlen auch empirisch für notwendig befunden werden (s. S. 3). Für alle anderen Atome ist eine exakte Lösung der Wellengleichung wegen der Wechselwirkung zwischen den Elektronen unmöglich. Dagegen lassen sich Methoden für Näherungslösungen entwickeln, die recht gute Werte liefern können. So läßt sich die Gesamtenergie W für Helium in seinem Grundzustand, d. h. mit beiden Elektronen in der Bahn mit der niedrigsten Energie, mit einer einfachen Methode bis auf 5,3% des genauen Wertes berechnen, während der Fehler für das isoelektronische Ion C^{4+}, in dem die Wechselwirkungskräfte zwischen Kern und Elektronen relativ viel stärker ins Gewicht fallen als die Wechselwirkungskräfte zwischen den Elektronen, sogar nur 0,4% beträgt.

Für Moleküle kann die Wellengleichung nicht exakt gelöst werden, auch nicht für das einfachste Molekül, d. h. H_2^+. Dagegen gibt es sowohl für H_2^+ wie auch für das Wasserstoffmolekül H_2 gute Näherungsmethoden, die zu einer befriedigenden Lösung führen. Man sollte sich aber vergegenwärtigen, daß die Diskussion fast jeder chemischen Theorie auf Näherungen beruht.

d) Die Atomfunktionen

Für ein kugelsymmetrisches Feld, wie wir es bei einem Atomkern vorliegen haben, verwendet man als Koordinaten zweckmäßigerweise die Polarkoordinaten r, ϑ und φ (vgl. Abb. 2). Aus dem Vorhergegangenen folgt, daß die Wellenfunktion irgendeines Wasserstoffatoms $\Psi\,(r, \vartheta, \varphi)$ als das Produkt dreier Funktionen dieser einzelnen Veränderlichen ausgedrückt werden kann, d. h. durch Gl. (1.16)

$$\Psi\,(r, \vartheta, \varphi) = R\,(r)\,\Theta\,(\vartheta)\,\Phi\,(\varphi) \qquad (1.16)$$

Der näherungsweisen Behandlung eines mehr elektronischen Atoms liegt die Tatsache zugrunde, daß die Wechselwirkung zwischen den Elektronen trotz des großen Einflusses auf die $R\,(r)$-Funktion doch nicht die kombinierten Funktionen bezüglich der Hauptsymmetrien oder der Anzahl der Funktionen ändert. Dies ist von großer

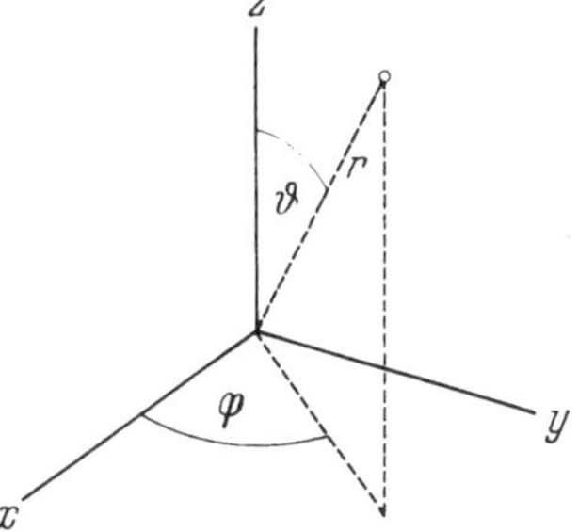

Abb. 2. Polarkoordinatensystem

Bedeutung. Um der richtigen Einschätzung dieses Prinzips und um unserer folgenden Diskussion willen ist es notwendig, die Natur der der Wellengleichung für Wasserstoff genügenden Wellenfunktionen etwas ausführlicher zu betrachten. Dabei ist es von Vorteil, die $R\,(r)$-Funktion und die kombinierten $\Theta\,(\vartheta)\,\Phi\,(\varphi)$-Funktionen getrennt zu studieren.

Die $R(r)$-Funktion ist ein Produkt zweier Teile. Der eine Teil stellt eine mehrtermige Funktion, der andere einen exponentiellen Term dar. Die Funktion kann deshalb für kleine oder mittlere Werte von r positive oder negative Werte haben. Für große Werte von r nähert sie sich exponentiell

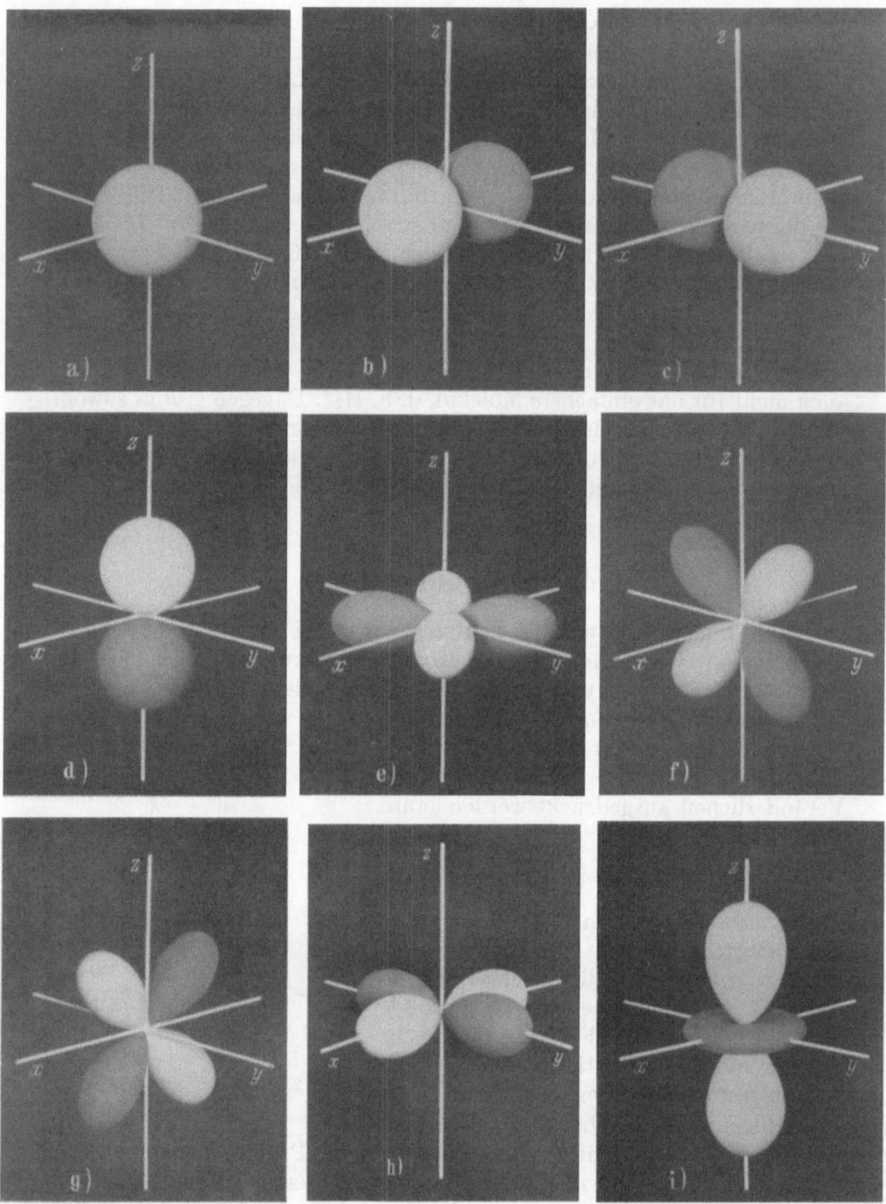

Tafel 1 a–i. Modelle, die die Winkelfunktionen ($\Theta\Phi$) darstellen für a) s-Orbitale, b) p_x-Orbitale, c) p_y-Orbitale, d) p_z-Orbitale, e) d_{xy}-Orbitale, f) d_{yz}-Orbitale, g) d_{xz}-Orbitale, h) $d_{x^2-y^2}$-Orbitale und i) d_{z^2}-Orbitale. Die positiven Orbitallappen sind hell, die negativen dunkel getönt. Der Maßstab ist so gewählt, daß sich die maximalen Projektionen für (a):(b), (c), (d):(e), (f), (g), (h):(i) wie $1:1,732:1,936:2,236$ verhalten (siehe L. PAULING, The Nature of the Chemical Bond, 3rd Edition, Cornell Press, Ithaca, New York, 1960, pp. 111, 151, 152)

immer dem Wert 0. In den Abb. 3 a–f sind einige $R(r)$-Funktionen graphisch dargestellt.

Die Kombination der Θ- und der Φ-Funktionen ergibt Oberflächen, die oft als Darstellung der ganzen Wellenfunktion gebraucht werden, obwohl dies nicht richtig ist. Die Bedeutung der $\Theta\Phi$-Funktionen ist vielmehr die

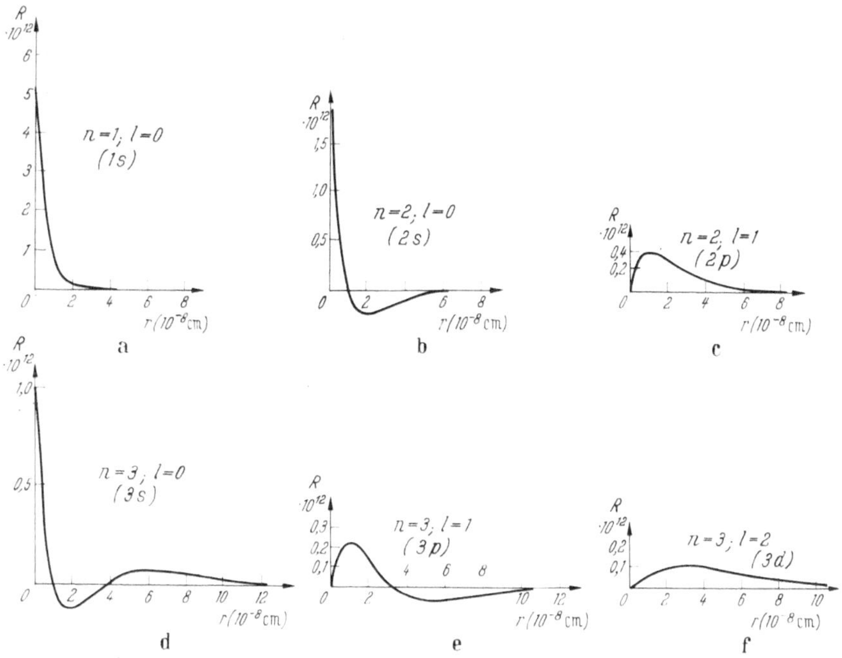

Abb. 3 a–f. Die $R(r)$-Funktionen des Wasserstoffatoms für verschiedene Werte der Quantenzahlen n und l (nach Herzberg)

folgende: Um die Änderung irgendeiner Funktion entlang einer Linie in einer bestimmten Richtung zu kennen, untersucht man, wo diese durch den Koordinaten-Nullpunkt verlaufende Linie die Oberfläche der Funktion des $\Theta\Phi$-Produktes schneidet und verwendet dann die Länge dieses Vektors als unveränderlichen Multiplikator der Werte von $R(r)$ für alle Werte von r. Auf diese Weise ergeben die $\Theta\Phi$-Funktionen einen Maßstabsfaktor, der sich im allgemeinen mit der Richtung im Raum ändert. Für eine s-Funktion ist jedoch die Länge des Vektors in jeder Richtung die gleiche, d. h. jede s-Funktion ist kugelsymmetrisch und ihre Knoten sind alle kugelförmige Oberflächen. Abb. 1 a und Tafel 4 a zeigen eine solche s-Funktion.

Für die p_x-Funktionen ($m = +1$) ist der Wert des Maßstabsfaktors in der yz-Ebene gleich 0. Damit wird auch der Gesamtwert der Funktion gleich 0. Der Multiplikator wechselt im Gegensatz zu den s-Funktionen sein Vorzeichen, wenn x von positiven zu negativen Werten übergeht. Die Funktion hat also eine Knotenebene yz und ändert ihr Vorzeichen im Zentrum des Koordinatensystems. Abb. 4 b und Tafel 1 b zeigen eine p_x-Funktion. Analoge Feststellungen gelten für die p_y- ($m = -1$) und p_z- ($m = 0$) Funktionen. Ihre Knotenflächen liegen in der xz- bzw.

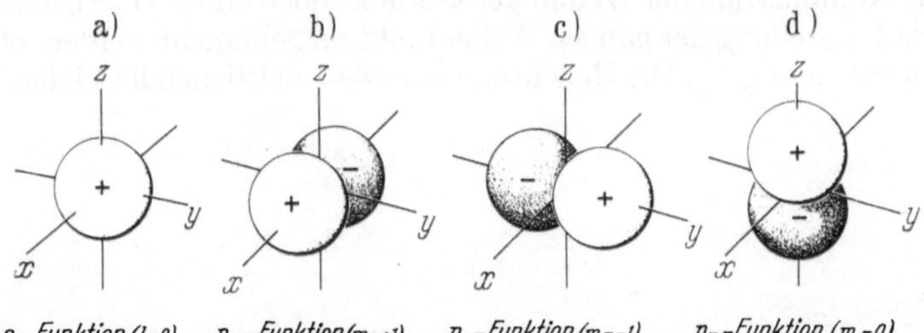

Abb. 4 a–d. Graphische Darstellung der $\Theta\Phi$-Komponenten der s- und p-Wellenfunktionen eines Wasserstoffatoms

xy-Ebene. p_y- und p_x-Funktionen sind in Abb. 4 c und 4 d bzw. in Tafel 1 c und 1 d dargestellt.

Da die p-Funktionen ihr Vorzeichen im Nullpunkt des Koordinatensystems ändern, werden sie auch als „ungerade" Funktionen bezeichnet, während die s-Funktionen „gerade" Funktionen genannt werden.

Die d-Funktionen sind ebenfalls „gerade" Funktionen. Da beispielsweise die d_{xy}-Funktion (vgl. Abb. 5 a zwei Knotenebenen hat, die die

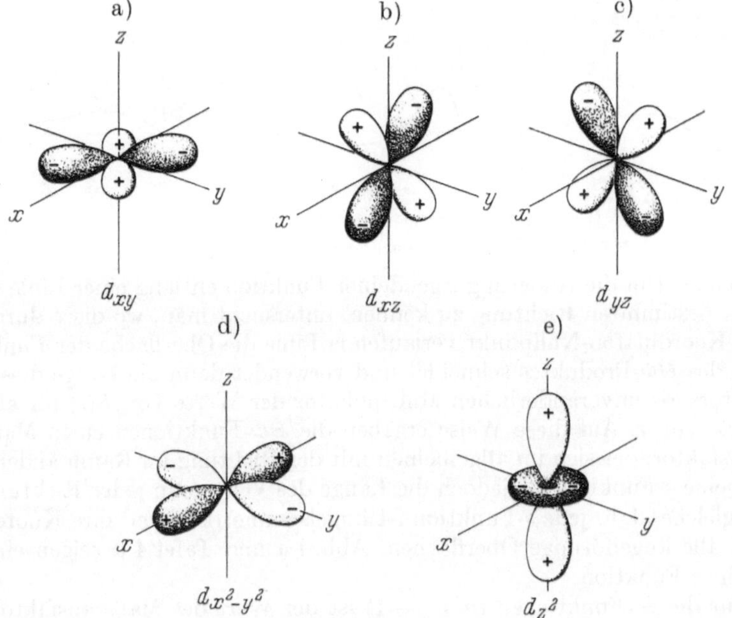

Abb. 5 a–e. Graphische Darstellung der $\Theta\Phi$-Komponenten der d-Wellenfunktionen eines Wasserstoffatoms

Achsenpaare x, z bzw. y, z einschließen, wechselt die Funktion an jeder Knotenebene das Vorzeichen. Gegenüberliegende Lappen haben deshalb das gleiche Vorzeichen: Die Funktion ist „gerade". Analoges gilt für die anderen d-Funktionen. Die ersten drei d-Funktionen ($m = -2$, $m = -1$, $m = +1$) haben gemeinsam, daß die Orbitallappen[1] jeweils ein Achsenpaar halbieren. Die vierte d-Funktion ($m = +2$) hat eine ähnliche Gestalt wie die ersten drei, die Orbitallappen sind jedoch nach der x- und y-Achse ausgerichtet. Die fünfte d-Funktion ($m = 0$) schließlich ist rotationssymmetrisch und hat anstelle zweier ebener Knoten einen kegelförmigen. Die fünf d-Funktionen sind in Abb. 5 a–e und in Tafel 1 e–i dargestellt.

Man sieht, daß *vollständige* Wellenfunktionen als Wolken variierender Dichte und in vielen Fällen mit Vorzeichenwechseln an den Oberflächen der Knoten dargestellt werden müßten.

Im Einzelnen kann die Elektronenverteilung in den freien Atomen der Elemente gewöhnlich nicht durch a priori-Berechnungen erhalten werden, da die Schwierigkeiten bei diesen vielelektronischen Systemen zu groß sind. Man kann die Elektronenverteilung jedoch aus der Analyse der Spektren erhalten. Die Durchführung der Analyse ist allerdings ziemlich verwickelt und kann an dieser Stelle nicht beschrieben werden. Die Elektronenverteilung der Elemente ist in Tabelle 1 wiedergegeben. Abb. 6 zeigt die ungefähren Beziehungen zwischen den einzelnen Energieniveaus. Man sieht, wie die Klassifizierung der Orbitale durch die Quantenzahlen n, l und m zumindest die Existenz der Übergangselemente verständlich macht.

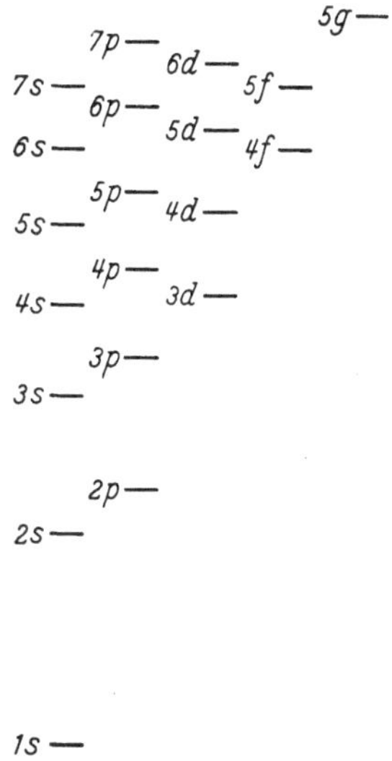

Abb. 6. Energieniveau-Schema für vielelektronige Atome (Näherungswerte)

---

[1] Die Funktionen werden oft als Orbitale bezeichnet. Dieser Begriff ist in Anlehnung an die Bohrschen „Planetenbahnen", die „orbits", verwendet, um einerseits die Beziehung zu ihnen auszudrücken, andererseits aber die Verschiedenheit der beiden Begriffe darzutun.

Tabelle 1

Elektronenanordnungen der Elemente (nach W. FINKELNBURG)

Z		K 1s	L 2s 2p	M 3s 3p 3d	N 4s 4p 4d 4f	O 5s 5p 5d	P 6s 6p 6d	Q 7s
1	H	1						
2	He	2						
3	Li	2	1					
4	Be	2	2					
5	B	2	2 1					
6	C	2	2 2					
7	N	2	2 3					
8	O	2	2 4					
9	F	2	2 5					
10	Ne	2	2 6					
11	Na	2	2 6	1				
12	Mg	2	2 6	2				
13	Al	2	2 6	2 1				
14	Si	2	2 6	2 2				
15	P	2	2 6	2 3				
16	S	2	2 6	2 4				
17	Cl	2	2 6	2 5				
18	Ar	2	2 6	2 6				
19	K	2	2 6	2 6	1			
20	Ca	2	2 6	2 6	2			
21	Sc	2	2 6	2 6 1	2			
22	Ti	2	2 6	2 6 2	2			
23	V	2	2 6	2 6 3	2			
24	Cr	2	2 6	2 6 5	1			
25	Mn	2	2 6	2 6 5	2			
26	Fe	2	2 6	2 6 6	2			
27	Co	2	2 6	2 6 7	2			
28	Ni	2	2 6	2 6 8	2			
29	Cu	2	2 6	2 6 10	1			
30	Zn	2	2 6	2 6 10	2			
31	Ga	2	2 6	2 6 10	2 1			
32	Ge	2	2 6	2 6 10	2 2			
33	As	2	2 6	2 6 10	2 3			
34	Se	2	2 6	2 6 10	2 4	1		
35	Br	2	2 6	2 6 10	2 5			
36	Kr	2	2 6	2 6 10	2 6			
37	Rb	2	2 6	2 6 10	2 6	1		
38	Sr	2	2 6	2 6 10	2 6	2		
39	Y	2	2 6	2 6 10	2 6 1	2		
40	Zr	2	2 6	2 6 10	2 6 2	2		
41	Nb	2	2 6	2 6 10	2 6 4			
42	Mo	2	2 6	2 6 10	2 6 5	1		
43	Tc	2	2 6	2 6 10	2 6 5	2		
44	Ru	2	2 6	2 6 10	2 6 7	1		
45	Rh	2	2 6	2 6 10	2 6 8	1		
46	Pd	2	2 6	2 6 10	2 6 10			
47	Ag	2	2 6	2 6 10	2 6 10	1		
48	Cd	2	2 6	2 6 10	2 6 10	2		
49	In	2	2 6	2 6 10	2 6 10	2 1		
50	Sn	2	2 6	2 6 10	2 6 10	2 2		
51	Sb	2	2 6	2 6 10	2 6 10	2 3		

Tabelle 1 (Fortsetzung)

Z		K	L		M			N				O				P			Q
		1s	2s	2p	3s	3p	3d	4s	4p	4d	4f	5s	5p	5d	5f	6s	6p	6d	7s
52	Te	2	2	6	2	6	10	2	6	10		2	4						
53	J	2	2	6	2	6	10	2	6	10		2	5						
54	Xe	2	2	6	2	6	10	2	6	10		2	6						
55	Cs	2	2	6	2	6	10	2	6	10		2	6			1			
56	Ba	2	2	6	2	6	10	2	6	10		2	6			2			
57	La	2	2	6	2	6	10	2	6	10		2	6	1		2			
58	Ce	2	2	6	2	6	10	2	6	10	1	2	6	1		2			
59	Pr	2	2	6	2	6	10	2	6	10	2	2	6	1		2			
60	Nd	2	2	6	2	6	10	2	6	10	4	2	6			2			
61	Pm	2	2	6	2	6	10	2	6	10	5	2	6			2			
62	Sm	2	2	6	2	6	10	2	6	10	6	2	6			2			
63	Eu	2	2	6	2	6	10	2	6	10	7	2	6			2			
64	Gd	2	2	6	2	6	10	2	6	10	7	2	6	1		2			
65	Tb	2	2	6	2	6	10	2	6	10	8	2	6	1		2			
66	Dy	2	2	6	2	6	10	2	6	10	9	2	6	1		2			
67	Ho	2	2	6	2	6	10	2	6	10	10	2	6	1		2			
68	Er	2	2	6	2	6	10	2	6	10	11	2	6	1		2			
69	Tm	2	2	6	2	6	10	2	6	10	13	2	6			2			
70	Yb	2	2	6	2	6	10	2	6	10	14	2	6			2			
71	Lu	2	2	6	2	6	10	2	6	10	14	2	6	1		2			
72	Hf	2	2	6	2	6	10	2	6	10	14	2	6	2		2			
73	Ta	2	2	6	2	6	10	2	6	10	14	2	6	3		2			
74	W	2	2	6	2	6	10	2	6	10	14	2	6	4		2			
75	Re	2	2	6	2	6	10	2	6	10	14	2	6	5		2			
76	Os	2	2	6	2	6	10	2	6	10	14	2	6	6		2			
77	Ir	2	2	6	2	6	10	2	6	10	14	2	6	7		2			
78	Pt	2	2	6	2	6	10	2	6	10	14	2	6	9		1			
79	Au	2	2	6	2	6	10	2	6	10	14	2	6	10		1			
80	Hg	2	2	6	2	6	10	2	6	10	14	2	6	10		2			
81	Tl	2	2	6	2	6	10	2	6	10	14	2	6	10		2	1		
82	Pb	2	2	6	2	6	10	2	6	10	14	2	6	10		2	2		
83	Bi	2	2	6	2	6	10	2	6	10	14	2	6	10		2	3		
84	Po	2	2	6	2	6	10	2	6	10	14	2	6	10		2	4		
85	At	2	2	6	2	6	10	2	6	10	14	2	6	10		2	5		
86	Rn	2	2	6	2	6	10	2	6	10	14	2	6	10		2	6		
87	Fr	2	2	6	2	6	10	2	6	10	14	2	6	10		2	6		1
88	Ra	2	2	6	2	6	10	2	6	10	14	2	6	10		2	6		2
89	Ac	2	2	6	2	6	10	2	6	10	14	2	6	10		2	6	1	2
90	Th	2	2	6	2	6	10	2	6	10	14	2	6	10		2	6	2	2
91	Pa	2	2	6	2	6	10	2	6	10	14	2	6	10	2	2	6	1	2
92	U	2	2	6	2	6	10	2	6	10	14	2	6	10	3	2	6	1	2
93	Np	2	2	6	2	6	10	2	6	10	14	2	6	10	4	2	6	1	2
94	Pu	2	2	6	2	6	10	2	6	10	14	2	6	10	5	2	6	1	2
95	Am	2	2	6	2	6	10	2	6	10	14	2	6	10	7	2	6		2
96	Cm	2	2	6	2	6	10	2	6	10	14	2	6	10	7	2	6	1	2
97	Bk	2	2	6	2	6	10	2	6	10	14	2	6	10	8	2	6	1	2
98	Cf	2	2	6	2	6	10	2	6	10	14	2	6	10	9	2	6	1	2
99	E	2	2	6	2	6	10	2	6	10	14	2	6	10	10	2	6	1	2
100	Fm	2	2	6	2	6	10	2	6	10	14	2	6	10	11	2	6	1	2
101	Mv	2	2	6	2	6	10	2	6	10	14	2	6	10	12	2	6	1	2

2. Molekülstruktur zweiatomiger Moleküle

a) Einführung

Aus den Darlegungen in Kapitel 1 geht hervor, wie ein System, das zwei oder mehr Atomkerne enthält, prinzipiell zu behandeln ist. Als erstes ist es notwendig, die Wellenfunktion des Systems aufzustellen. Dazu muß der Ort der verschiedenen Kerne, die als stationär[1] betrachtet werden, festgelegt werden. Aus der Wellenfunktion wird dann die Gesamtenergie W berechnet. Wiederholt man diese Schritte für verschiedene Lagen der Kerne relativ zueinander, so erhält man die Gesamtenergie als eine Funktion der Kernabstände. Stellt diese für eine bestimmte Gruppe von Werten solcher Abstände ein Minimum dar, so definieren diese Werte ein Molekül. In diesem Kapitel wollen wir den einfachsten Fall, nämlich ein zweikerniges oder zweiatomiges System betrachten.

b) Zweizentrenfunktionen und ihre Eigenschaften

Die genaue Wellenfunktion für ein zweiatomiges System (s. Abb. 7) muß eine Zweizentrenfunktion sein. Die exakte Ableitung einer solchen Funktion aus der Wellengleichung stößt auf große Schwierigkeiten. Es ist wohl möglich die Gleichung genau zu formulieren, nicht dagegen, sie exakt zu lösen. Die Schwierigkeiten rühren daher, daß jedes Elektron durch die Felder zweier Kerne beeinflußt wird und daß sich die Elektronen, wenn mehr als eines vorhanden ist, abstoßen. Würde man von diesen Störungen absehen, so könnte die Zweizentrenfunktion für zwei Elektronen einfach als das Produkt von zwei Einzentrumsfunktionen für die Kerne A und B beschrieben werden, d. h. durch die Gl. (2.1)

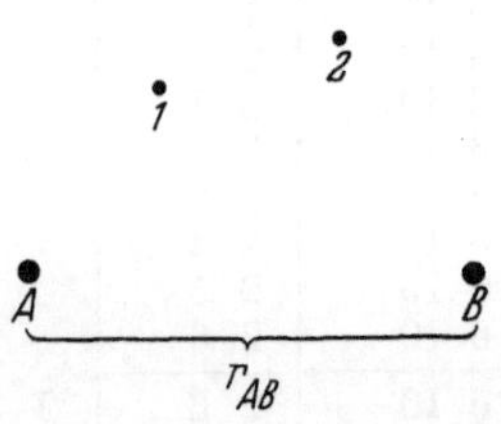

Abb. 7. Zwei Wasserstoffkerne A und B mit Elektronen 1 und 2

$$\Psi = \psi_A(1)\,\psi_B(2) \quad \text{oder} \quad \Psi = \psi_A(2)\,\psi_B(1) \tag{2.1}$$

Jede der beiden Funktionen stellt eine Elektronenverteilung dar, wie sie der Summe der Elektronenverteilungen der beiden ungestörten Atome entsprechen würde. Die Vernachlässigung der Störungen ist jedoch nur in den uninteressanten Grenzen erlaubt, wo die Kerne A und B sehr weit

---

[1] Dies bedeutet, daß die kinetische Energie der schwingenden Kerne in dieser Behandlung nicht berücksichtigt wird. Sie geht nicht in die erhaltene Gesamtenergie ein, die somit die Potentialenergie des Systems als Funktion des Kernabstandes darstellt.

voneinander entfernt sind. Man kann jedoch zeigen, daß prinzipiell Zweizentrenfunktionen näherungsweise aus Einzentrumsfunktionen gebildet werden können, wenn diese in einer geeigneteren Weise wie in Gl. (2.1) kombiniert werden. Dabei kann die Näherung beliebig gut sein, wenn man nur genügend viele Einzentrumsfunktionen für beide Kerne verwendet. Um die Behandlung zu vereinfachen ist es jedoch üblich, für jeden Kern nur eine Funktion zu benützen. Für den Fall der Behandlung des Wasserstoffmoleküls sind dies $1s$-Funktionen.

Allgemein gibt es zwei Wege für die Bildung derartiger Näherungsfunktionen für zwei Kerne und zwei Elektronen. Man kann entweder zwei Funktionen, die beide ein Produkt darstellen, in dem jeweils beide Elektronen als an den Kernen lokalisiert betrachtet werden, linear kombinieren (Gl. 2.2), oder man kann das Produkt zweier linear kombinierter Funktionen bilden. Das Elektron ist in den letzteren als nicht lokalisiert anzusehen (Gl. 2.3). Dies sind die Näherungsfunktionen nach HEITLER und LONDON (Gl. 2.2) bzw. nach HUND (Gl. 2.3):

$$\Psi = \frac{1}{N}\left[\psi_A(1)\,\psi_B(2) \pm \psi_A(2)\,\psi_B(1)\right] \tag{2.2}$$

$$\Psi = \frac{1}{N}\left\{\left[\psi_A(1) \pm \psi_B(1)\right]\left[\psi_A(2) \pm \psi_B(2)\right]\right\} \tag{2.3}$$

Sowohl nach der einen wie auch nach der anderen Näherungsfunktion sind die Elektronen delokalisiert, da sich die durch sie dargestellten Elektronenverteilungen von der Summe der Elektronenverteilungen der unabhängigen Atome unterscheiden. Auf diese Weise entsteht die chemische Bindung; denn die Funktionen mit positivem Zeichen entsprechen einer Zunahme der Elektronendichte zwischen den Kernen gegenüber derjenigen, wie sie für zwei sich bei der Annäherung nicht störende Atome zu erwarten wäre.

Der Wahrheitsgehalt dieser Feststellung kann leicht erkannt werden. Quadriert man die Heitler-Londonsche Funktion, so erhält man die ihr entsprechende Elektronenverteilung (s. S. 6):

$$\frac{1}{N^2}\left[\psi_A(1)\,\psi_B(2) \pm \psi_A(2)\,\psi_B(1)\right]^2$$

$$= \frac{1}{N^2}\left[\psi_A^2(1)\,\psi_B^2(2) + \psi_A^2(2)\,\psi_B^2(1) \pm 2\,\psi_A(1)\,\psi_B(2)\,\psi_A(2)\,\psi_B(1)\right]$$

$$\tag{2.4}$$

Die ersten beiden Ausdrücke entsprechen der Elektronenverteilung eines Elektrons (entweder des Elektrons 1 oder des Elektrons 2) in einem $1s$-Orbital um den Kern A und einem anderen um den Kern B. Der dritte Ausdruck gibt die Abweichung der tatsächlichen Elektronenverteilung von der durch die beiden ersten Glieder beschriebenen wieder. Dieser Ausdruck fällt nur in solchen Bezirken ins Gewicht, wo auch die Produkte $\psi_A(1)\,\psi_B(1)$ und $\psi_A(2)\,\psi_B(2)$, d. h. ψ_A und ψ_B gleichzeitig verhältnismäßig große Werte annehmen, d. h. *zwischen* den Kernen A und B (s. Abb. 8). Wenn der Ausdruck positives Vorzeichen besitzt, so entspricht dies einer Zunahme der Elektronendichte zwischen den Kernen.

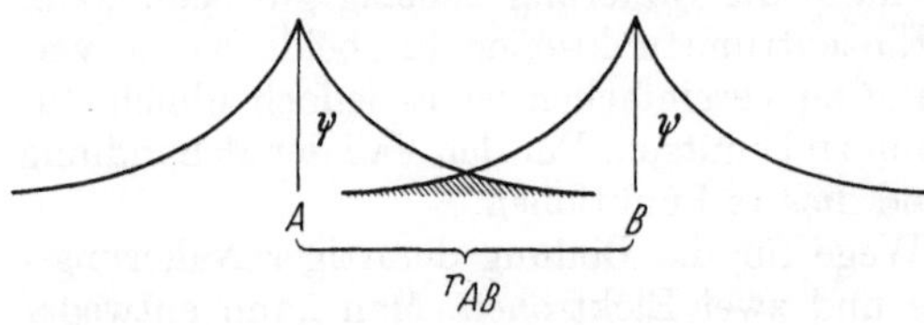

Abb. 8. Überlappung zwischen zwei 1s-Funktionen verschiedener Kerne

Ist in der Heitler-Londonschen Funktion ein negatives Vorzeichen vorhanden,

$$\frac{1}{N}\left[\psi_A(1)\,\psi_B(2) - \psi_A(2)\,\psi_B(1)\right],$$

so hat der dritte Term nach dem Quadrieren ein negatives, Vorzeichen was einer Verminderung der Elektronendichte zwischen den Kernen entspricht.

Dies ist leicht einzusehen, da die Funktion hinsichtlich eines Austausches der beiden Kerne antisymmetrisch ist; d. h. wenn man A und B austauscht, erhält man eine Funktion, die sich von der ursprünglichen nur durch umgekehrte Vorzeichen unterscheidet. Eine solche Funktion muß eine die Verbindungslinie der beiden Kerne halbierende Knotenebene haben. Deshalb muß die Elektronendichte an dieser Ebene gleich null sein.

Aus den ins Quadrat gehobenen Hundschen Funktionen für ein Elektron

$$\frac{1}{N^2}\left[\psi_A(1)+\psi_B(1)\right]^2 = \frac{1}{N^2}\left[\psi_A(1)^2+\psi_B^2(1)+2\,\psi_A(1)\,\psi_B(1)\right] \qquad (2.5)$$

und

$$\frac{1}{N^2}\left[\psi_A(1)-\psi_B(1)\right]^2 = \frac{1}{N^2}\left[\psi_A^2(1)+\psi_B^2(1)-2\,\psi_A(1)\,\psi_B(1)\right] \qquad (2.6)$$

ergeben sich die gleichen Schlußfolgerungen. Die letztere Funktion ist hinsichtlich eines Kernaustausches wieder antisymmetrisch, so daß sie ebenfalls eine die Verbindungslinie der Kerne halbierende Knotenebene hat.

Die Größe der Störung bei der Annäherung der Atome und damit die Bildung eines „elektronischen Leims" zwischen den Kernen wächst mit der Verminderung des Kernabstandes r_{AB}. Dem wirkt jedoch die gleichzeitig zunehmende Abstoßung der Kerne entgegen.

In der gleichen Richtung wirkt ein anderer Effekt, der aus einem näheren Studium der Wellenfunktion folgt. Die kinetische Energie der Elektronen wächst nämlich mit wachsender Verkleinerung des Raumes in dem sie sich befinden. Demzufolge

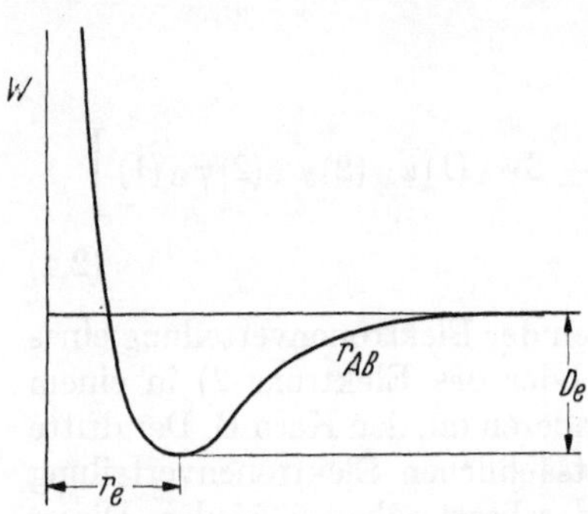

Abb. 9. Potentialenergie eines Moleküls als Funktion des Kernabstandes

gibt es einen bestimmten Kernabstand, für den die Gesamtenergie W des Systems ein Minimum ist. Man bezeichnet diesen Kernabstand als Gleichgewichtsabstand r_e. Die Differenz der den Abständen $r_{AB} = r_e$ und $r_{AB} = \infty$ entsprechenden Energien ist gleich der Dissoziationsenergie D_e. Abb. 9 zeigt die Potentialenergie eines Moleküls (vgl. Anm. S. 14) als Funktion des Kernabstandes r_{AB}.

Die Größe der Wechselwirkung zwischen den Kernen hängt außer vom absoluten Kernabstand auch von der absoluten „Atomgröße" ab. Diese läßt sich jedoch nicht exakt feststellen, da die Wellenfunktion und damit die Elektronenverteilung nach außen exponentiell abfällt (vgl. Abb. 8). Die Überlappung der Wellenfunktionen kann für ein Elektron formal durch Gl. (2.7)

$$S_{(r_{AB})} = \int \psi_A(1)\,\psi_B(1)\,d\tau \qquad (2.7)$$

oder für zwei Elektronen durch Gl. (2.8)

$$S_{(r_{AB})} = \int \psi_A(1)\,\psi_B(1)\,\psi_A(2)\,\psi_B(2)\,d\tau \qquad (2.8)$$

ausgedrückt werden. Dies bedeutet, daß das Produkt der Atomfunktionen über alle veränderlichen Größen der Funktionen integriert werden muß. Die genaue Größe des aus der Wechselwirkung resultierenden Energieunterschiedes ist zwar eine viel kompliziertere Funktion (s. Kap. 1, Anm. S. 6), jedoch wird die leichter zu errechnende Überlappungsfunktion (2.8) oft als grobe Näherung der Bindungsstärke benützt.

Zwei Kerne brauchen nicht unbedingt mit zwei Elektronen assoziiert zu sein, wie wir bisher angenommen haben, sondern sie mögen mit ein, zwei, drei oder mehr Elektronen verbunden sein. Ist nur ein Elektron vorhanden, so stellt Gl. (2.9)

$$\Psi = \frac{1}{N}\left[\psi_A(1) + \psi_B(1)\right] \qquad (2.9)$$

eine Näherungsfunktion dar. Diese entspricht einer schwächeren Bindung, verglichen mit der Bindung durch zwei Elektronen. Hat man es mit mehr als zwei Elektronen zu tun, so muß das *Pauli-Prinzip* beachtet werden. Danach können maximal zwei Elektronen in der gleichen Orbital-Wellenfunktion untergebracht werden, die dann entgegengesetzte Spins haben müssen[1].

Sind mehr als zwei Elektronen vorhanden, so müssen die restlichen, wieder mit paarweise entgegengesetzten Spins, in anderen Orbitalen

---

[1] Dies ist eine sehr vereinfachte Darstellung des Pauli-Prinzips, die aber für unsere Zwecke genügt. Für eine eingehendere Behandlung siehe z. B. L. Pauling und B. Wilson: Introduction to Quantum Mechanics, McGraw-Hill Book Co., New York, 1935, und J. H. van Vleck und A. Sherman: Rev. Mod. Phys. 7, 167 (1935). Die Beziehung zwischen den normalen und angeregten Heitler-London-Funktionen und den bindenden und lockernden Hund-Funktionen ist in der letztgenannten Übersicht ausführlich behandelt.

untergebracht werden. Dabei können maximal zwei weitere Elektronen
die Hundsche Funktion mit negativen Vorzeichen, Gl. (2.10)

$$\Psi = \frac{1}{N^2}\left\{\psi_A(1) - \psi_B(1)\right\}\left\{\psi_A(2) - \psi_B(2)\right\} \tag{2.10}$$

besetzen. Derartige Funktionen entsprechen einer Verminderung der
Elektronenladung zwischen den Kernen, die mit abnehmendem Kernabstand wächst. Aus diesem
Grund stoßen die Atome dann
einander ab. Die bei der Annäherung zweier Atome auftretende Aufspaltung in bindende und lockernde Funktionen ist in Abb. 10 dargestellt.
So ist z. B. für zwei neutrale
Heliumatome die Abstoßung

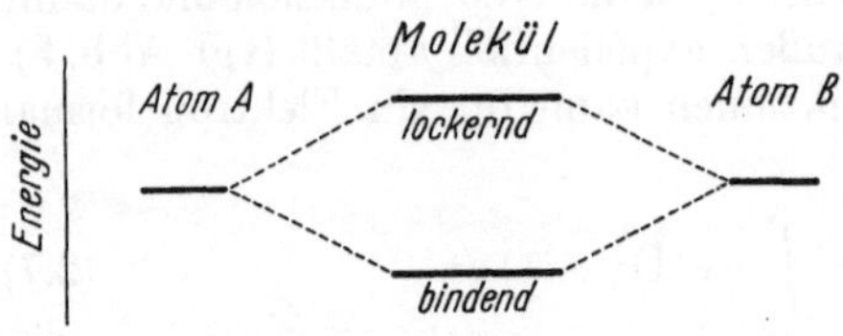

Abb. 10. Die Aufspaltung in bindende und lockernde
Funktionen infolge der Annäherung zweier Atome

größer als die Anziehung. Erstere ist auf die beiden im lockernden Orbital
befindlichen Elektronen zurückzuführen; letztere ist bedingt durch die beiden Elektronen im bindenden Orbital. Daher gibt es kein He_2-Molekül. Wird
dagegen ein Elektron entfernt, so daß nur ein Elektron in dem lockernden Orbital verbleibt, so resultiert für das gebildete He_2^+ eine schwache
Bindung. Eine ähnliche Einschränkung gilt für die Heitler-London-Be-
handlung. Man kommt auch dort bezüglich der Existenz einer schwachen
Bindung in He^{2+} oder der Nichtexistenz von He_2 zu den gleichen Schlüssen.

Im Vorhergehenden war es nicht nötig, die Natur der Einzentrumsfunktionen ψ_A und ψ_B, die kombiniert wurden, näher zu charakterisie-
ren. Sie ist von der Art der Atome A und B und von der für eine genügende Näherung erforderlichen Genauigkeit abhängig. Nehmen wir an,
daß die Atome A und B zwei Wasserstoffatome darstellen, dann sind,
wie früher gesagt, die einfachsten Kombinationen aus den Wasserstoff-
$1s$-Atomfunktionen zu bilden. Das Ergebnis kann nur eine sehr grobe
Näherungsfunktion sein. Um eine einigermaßen genaue Funktion zu erhalten, müßte die Zahl der für jedes Atom zu verwendenden Einzentrumsfunktionen sehr groß sein, d. h. es müßten die möglichen Atomfunktionen $1s$, $2s$, $2p$, $3s$, $3p$, $3d$ usw. mit geeigneten Gewichtskoeffizien-
ten gebraucht werden. Eine solche Funktion ist jedoch äußerst kompli-
ziert. Geht man den einfachsten Weg und verwendet für die beiden Wasserstoffatome A und B nur zwei $1s$-Funktionen, dann lassen sich sowohl
nach HEITLER-LONDON wie auch nach HUND nur zwei Näherungsfunktionen für das ganze System bilden, nämlich mit positiven bzw. negativen
Zeichen in der Kombination. Tatsächlich gibt es aber für ein Molekül,
ebenso wie für ein Atom, unendlich viele Zustände.

Die Heitler-Londonsche Methode für die Bildung von Molekülfunktio-
nen wird oft als Elektronenpaarbindungs-Methode oder Valenzbindungsmethode, die Hundsche Methode als Molekülorbital-Methode bezeichnet.

Wenn wir den Hundschen Ausdruck für zweiatomige Moleküle mit
positiven Vorzeichen noch einmal in folgender Weise schreiben,

$$\Psi = \psi_A(1)\,\psi_B(2) + \psi_A(2)\,\psi_B(1) + \psi_A(1)\,\psi_A(2) + \psi_B(1)\,\psi_B(2) \qquad (2.11)$$

sehen wir sofort, daß er sich von der Heitler-Londonschen Funktion durch zwei Terme unterscheidet. Man bezeichnet diese als ionische Terme, da sie Zustände beschreiben, bei denen die beiden Elektronen an einem Atom lokalisiert sind. Während die Heitler-Londonsche Behandlung, die keine ionischen Terme enthält, die Wirkung der Abstoßung zwischen den Elektronen überbetont, wird dieser Effekt bei der Hundschen Behandlung vernachlässigt. Beide Behandlungen lassen sich aber weiter entwickeln und führen dann zu dem gleichen Ergebnis. Zur Heitler-Londonschen Behandlung müssen dann ionische Terme hinzugefügt werden; die Hundsche Behandlung muß erweitert werden, um die destabilisierende Wirkung der Abstoßung zwischen den Elektronen zu berücksichtigen.

Betrachtet man nicht nur Wasserstoffatome, dann ist die Begrenzung der zu kombinierenden Atomorbitale auf den $1s$-Typ nicht mehr möglich, und wir haben die Kombination anderer Orbital-Typen zu betrachten. Dies kann wieder nach den zwei erwähnten Methoden geschehen.

c) Valenzbindungs-Behandlung

Für die Bindungsbildung ist es nach der Heitler-Londonschen Methode notwendig, daß jedes der beiden Atome ein leeres Orbital zur Verfügung stellen kann, das für die Bildung eines passenden kombinierten Orbitals geeignet ist, und daß zwei Elektronen vorhanden sind, die dieses Orbital besetzen. Betrachten wir das aus den kugelsymmetrischen $1s$-Atom-

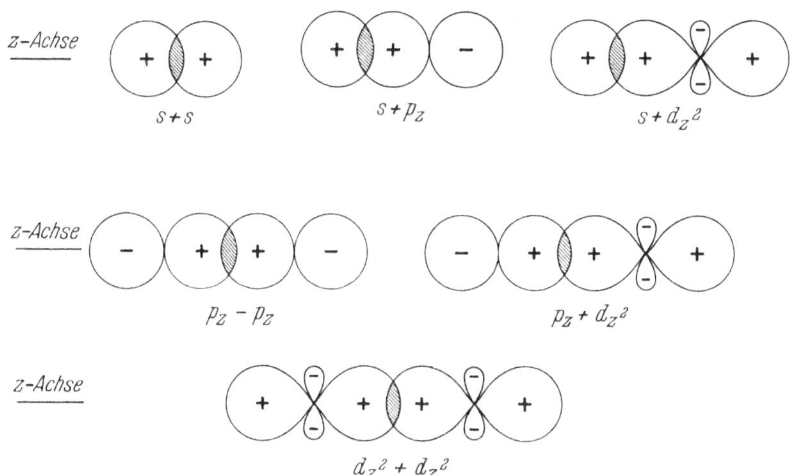

Abb. 11. Mögliche Kombinationen von Orbitalen mit Rotationssymmetrie um die z-Achse, σ-Bindungen ergebend

Orbitalen gebildete kombinierte Orbital, so ist leicht einzusehen, daß es um die Verbindungslinie der Zentren rotationssymmetrisch sein wird.

2*

Ähnlich ist auch die durch Ψ^2 wiedergegebene Elektronenverteilung rotationssymmetrisch. Solche rotationssymmetrischen Bindungen oder *σ-Bindungen* können auch aus anderen Orbitalpaaren gebildet werden, die ihrerseits wenigstens um die Verbindungslinie der Zentren rotationssymmetrisch sind. So können z. B. alle *s*-Funktionen oder, wenn die *z*-Achse die Verbindungslinie der Zentren der Atomfunktionen ist, alle p_z- oder d_{z^2}-Funktionen σ-Bindungen eingehen. Dabei ist es nicht notwendig, daß die Funktionen an den beiden Kernen vom gleichen Typ sind. Sie müssen lediglich den Symmetrieerfordernissen genügen. Die zur Bildung von σ-Bindungen führenden möglichen Kombinationen von Orbitalen mit Rotationssymmetrie um die *z*-Achse sind in Abb. 11 dargestellt. Bindungen mit annähernd gleicher Symmetrie können von Orbitalfunktionen gebildet werden, die einen Orbitallappen entlang der Verbindungslinie der Zentren ausgerichtet haben. Abb. 12 zeigt dies z. B. für ein $d_{x^2-y^2}$-Orbital (wobei die Verbindungslinie der Zentren jetzt als *x*-Achse angenommen ist)[1].

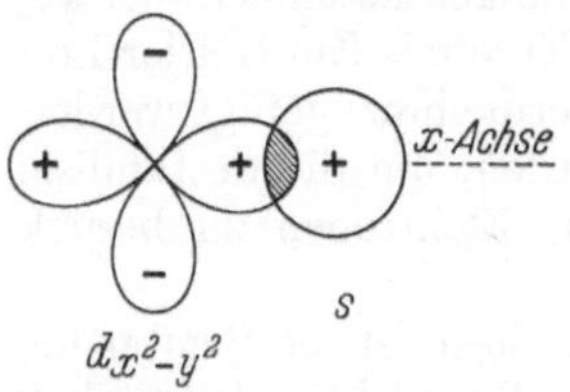

Abb. 12. Kombination eines Lappens einer $d_{x^2-y^2}$-Funktion mit einer *s*-Funktion auf der *x*-Achse, eine σ-Bindung ergebend

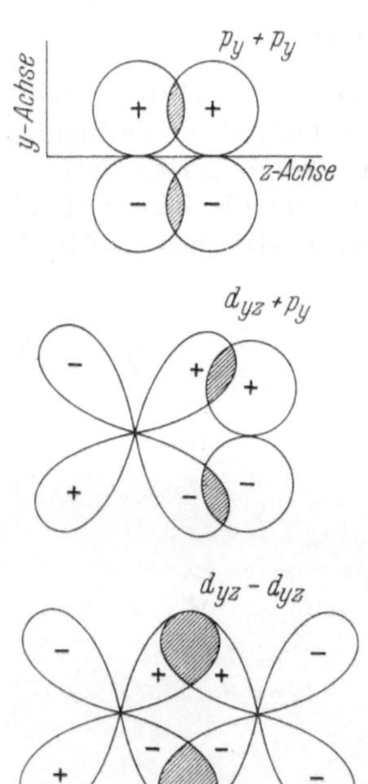

Abb. 13. Kombinationen von Funktionen, deren Knotenebenen die Verbindungslinien ihrer Zentren einschließt, π-Bindungen ergebend

Bezüglich der auf der *z*-Achse betrachteten Bindung haben die p_x- oder p_y-Orbitale und ebenso die d_{yz}- oder die d_{xz}-Orbitale ganz andere Symmetrieverhältnisse, da die *z*-Achse bei ihnen in den Knotenebenen liegt. Die Kombination solcher Orbitale führt zu *π-Bindungen*. Sie sind in Abb. 13 dargestellt.

Um die größtmögliche Bindungsstärke von π-Bindungen zwischen zwei *p*-Orbitalen zu erreichen, müssen die Symmetrieachsen der Funktionen parallel liegen. Wie man aus Abb. 14 leicht sehen kann, ist die Gesamtüberlappung der *p*-Funktionen benachbarter Atome gleich der Summe von Überlappungen in vier Zonen, 1) in der Zone, in der die positiven Teile der beiden Funktionen überlappen, 2) in der Zone, in der die beiden negativen Teile der Funktionen überlappen, 3) und 4) in den Zonen, in denen jeweils ein positiver und ein negativer Teil der Funktion überlappen. 1) und 2) geben positive Überlappungsprodukte,

---

[1] Es wird später gezeigt werden, daß aus Orbitalen, wie dem $d_{x^2-y^2}$-Orbital, durch Hybridisierung Orbitale gebildet werden können, die in Richtung der Verbindungslinie der Atomkerne einen großen Lappen haben, während die übrigen Orbitallappen verhältnismäßig klein sind.

3) u d 4) geben negative Überlappungsprodukte. Für einen Winkel von 90⁰ zwischen den Symmetrieachsen sind die Volumina der positiven und negativen Überlappungszonen gleich, so daß die Gesamtüberlappung

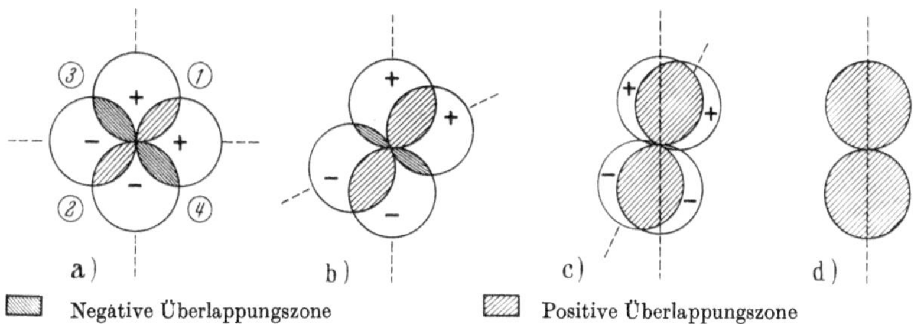

▨ Negative Überlappungszone   ▨ Positive Überlappungszone

Abb. 14 a-d. Die Überlappung der p-Orbitale zweier benachbarter Kerne in Abhängigkeit vom Winkel der Orbitalachsen

gleich null ist. Beträgt der Winkel zwischen den Symmetrieachsen der beiden Orbitale dagegen 0⁰, so erreicht die Gesamtüberlappung ein Maximum.

Ähnliche Bedingungen für die maximale Überlappung gelten für d_π-p_π-Bindungen und für d_π-d_π-Bindungen. Im allgemeinen wird deshalb die freie Drehbarkeit durch eine π-Bindung aufgehoben.

Das für die Bindungsbildung bestimmende Prinzip, das im Vorhergehenden benützt wurde, ist dadurch gekennzeichnet, daß die zu kombinierenden Orbitale um die Verbindungslinie der Funktionszentren die gleiche Symmetrie haben müssen oder daß zumindest in der Zone zwischen den Kernen die gleiche Symmetrie vorherrschend sein muß.

Da es zwei aufeinander senkrecht stehende Knotenebenen gibt, die die z-Achse einschließen, können auf jeder vom Zentrum ausgehenden Linie zwei π-Bindungen gebildet werden. Dagegen kann nur *eine* σ-Bindung ausgebildet werden. Damit sind die vom Chemiker postulierten Einfach-, Doppel- oder Dreifachbindungen zu erklären.

Schließlich bleiben noch unter Beibehaltung der oben verwendeten

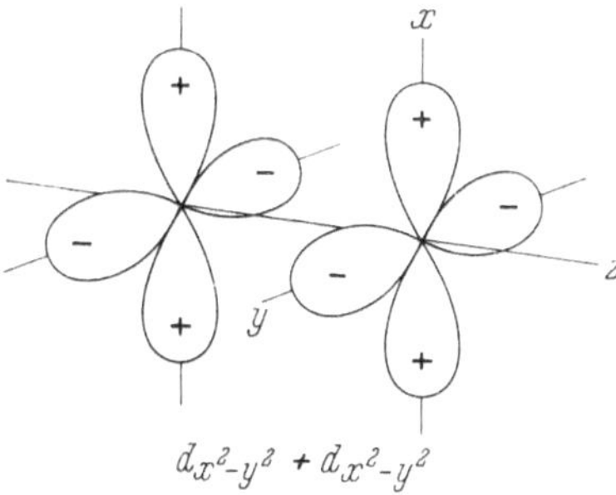

$$d_{x^2-y^2} + d_{x^2-y^2}$$

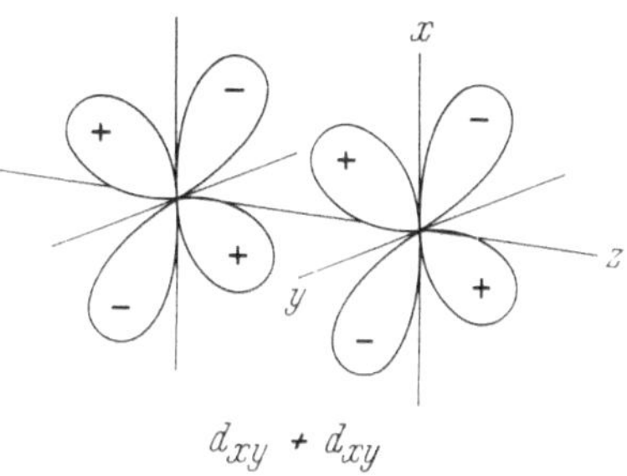

$$d_{xy} + d_{xy}$$

Abb. 15. Kombinationen von Funktionen, deren beide Knotenebenen die Verbindungslinie ihrer Zentren einschließt, $\varDelta$-Bindungen ergebend

z-Achse (die Orientierung der Achsen kann in verschiedenen Problemen verschieden sein; sie muß aber selbstverständlich für ein bestimmtes

Problem beibehalten werden) die d_{xy}- und die $d_{x^2-y^2}$-Orbitale zu betrachten.

Diese Orbitale erlauben noch zwei weitere Bindungsmöglichkeiten und können δ-*Bindungen* bilden, wie es in Abb. 15 dargestellt ist. Zwischen zwei Atomen, die beide d-Orbitale zur Verfügung haben, sind demnach insgesamt 5 Bindungen möglich.

Welche Möglichkeiten für die Ausbildung σ-, π- und Δ-Bindungen in einem bestimmten Molekül vorliegen, hängt von der Art der Atome, der Stereochemie des Moleküls und der Zahl der Elektronen ab. Die Atome der ersten kurzen Periode der Elemente können nur s- und p-Orbitale benützen, die Atome aller höheren Perioden auch d-Orbitale.

Die Anwendung der oben entwickelten Ideen auf einige einfache zweiatomige Moleküle macht diese Verallgemeinerung leicht verständlich.

Betrachten wir die Bildung des C_2-Moleküls aus zwei Kohlenstoffatomen, deren Elektronenverteilung im Grundzustand $1s^2 2s^2 2p^2$ in Abb. 16 dargestellt ist, so sehen wir, daß die ursprünglich in den $1s$-Atomfunktionen befindlichen Elektronen nicht zur Bindung beitragen. Zwar können zwei dieser vier Elektronen in bindenden Orbitalen untergebracht werden, die anderen zwei Elektronen müssen jedoch

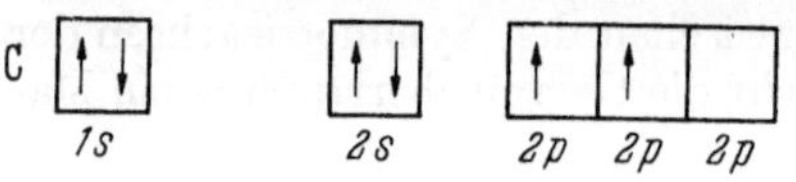

Abb. 16. Elektronenverteilung im Grundzustand des Kohlenstoffatoms

ein angeregtes, d. h. lockerndes Orbital besetzen, wie es bei He_2 der Fall wäre. Analog kommt auch durch die vier sich ursprünglich in den $2s$-Atomorbitalen befindenden Elektronen keine Bindung zustande. Dagegen hat jedes der beiden Atome drei $2p$-Orbitale mit nur zwei Elektronen zur Verfügung, die die Bindung bewirken. Zwei Elektronen können daher ein bindendes $2p\sigma$-Orbital besetzen, und die zwei restlichen Elektronen müssen ein aus den $2p_{\pi x}$- oder den $2p_{\pi y}$-Atomorbitalen gebildetes bindendes Orbital besetzen. Es ist auch ein anderer Weg möglich: Es können nämlich auch alle vier Elektronen in kombinierten Orbitalen vom π-Typ untergebracht werden, so daß das aus den $2p\sigma$-Atomfunktionen gebildete Orbital leer bleibt. In jedem Fall gibt es zwischen den Kernen zwei Bindungen, entweder eine σ- und eine π-Bindung oder zwei π-Bindungen. Schließlich könnte in jedem C-Atom unter Energiezufuhr ein Elektron aus der $2s$-Funktion in die dritte $2p$-Funktion gehoben werden, so daß sich die Elektronenverteilung $1s^2 2s^1 2p^3$ (vgl. Abb. 17a) ergäbe. Dann wäre die Ausbildung von drei Bindungen, nämlich von einer σ- und von zwei π-Bindungen möglich. Dies würde jedoch nur dann eintreten, wenn der Energiegewinn bei der Bildung einer dritten Bindung mindestens so groß wie die gesamte, oben erwähnte Anregungsenergie wäre.

Im Stickstoffmolekül N_2, das aus zwei Atomen mit der Elektronenverteilung $1s^2 2s^2 2p^3$ (Abb. 17b) entstanden ist, ermöglichen die zwei zusätzlichen Elektronen ohne weiteres drei Bindungen unter Benützung eines Molekülorbitals, das aus $2p\sigma$-Atomorbitalen gebildet wird, und von zwei Molekülorbitalen aus $2p_\pi$-Atomorbitalen.

Im Sauerstoffmolekül O_2, das aus Atomen mit der Elektronenverteilung $1s^2 2s^2 2p^4$ (Abb. 17c) aufgebaut wird, muß eines der drei $2p$-Orbitale jedes der beiden Atome zwei Elektronen enthalten. Zwei dieser vier Elektronen müßten dann im Molekül ein kombiniertes Orbital hoher Energie besetzen. Aus diesem Grunde würde also aus *einem* der drei $2p$-Orbitale keine Bindung resultieren. Die zwei anderen $2p$-Orbitale, die nur jeweils ein Elektron enthalten, können dagegen die Bildung von *zwei* Bindungen verursachen. In ganz analoger Weise ergibt sich, daß F_2 nur *eine* Einfachbindung und Ne_2 überhaupt keine Bindung zwischen den Atomen haben kann.

Die ausführliche Valenzbindungsmethode von HEITLER und LONDON zeigt deshalb, daß eine Bindung gebildet werden kann, wenn jedem von zwei Atomen ein Orbital zur Verfügung steht und wenn zwei Elek-

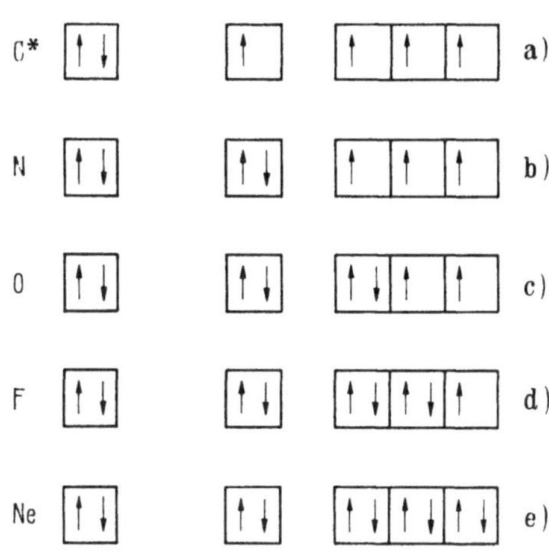

Abb. 17 a–e. Elektronenverteilung in einem a) angeregten Kohlenstoffatom, b) Stickstoffatom, c) Sauerstoffatom, d) Fluoratom und e) Neonatom

tronen vorhanden sind. Dies gilt für bis zu drei Bindungen zwischen jedem Atompaar, wenn nur s- und p-Orbitale zur Verfügung stehen oder bis zu fünf Bindungen, wenn daneben auch d-Orbitale verfügbar sind. Entfällt auf ein Paar von Atomorbitalen nur *ein* Elektron, so ist die entstehende Bindung schwach. Das gleiche gilt für den Fall, daß drei Elektronen untergebracht werden müssen. Sind vier Elektronen vorhanden, so kommt überhaupt keine Bindung mehr zustande.

Für zweiatomige, aus ähnlichen Atomen aufgebaute Moleküle liegt es zwar nahe anzunehmen, daß jedes der beiden Atome ein Elektron zu einem bindenden Paar beiträgt. Dies ist jedoch nicht Voraussetzung. Die beiden Elektronen können ebensogut von *einem* Atom stammen, und wir dürfen annehmen, daß dies in einigen Fällen, wo die das Molekül bildenden Atome ungleich sind, vorkommt. So ist z. B. für das Kohlenstoffmonoxyd, das vermutlich aus einem Kohlenstoffatom mit der Elektronenverteilung $1s^2 2s^2 2p^2$ (Abb. 16) und einem Sauerstoffatom mit der Elektronenverteilung $1s^2 2s^2 2p^4$ (Abb. 17c) gebildet wird, zu erwarten, daß beide in einem der Sauerstoff-$2p$-Orbitale befindlichen Elektronen dazu benützt werden, eine dritte Bindung zwischen den beiden Atomen zu bilden. Auf diese Weise werden alle drei $2p$-Orbitale des Kohlenstoffatoms für die Bindung verwendet. Mit der Bildung einer solchen Bindung ist, im Gegensatz zu dem Fall, bei dem jedes Atom *ein* Elektron zur Bindung beiträgt, die Übertragung einer Elektronenladung von einem Atom auf ein zweites verbunden. Eine solche Bindung wird oft als *Donorbindung* bezeichnet: $\ominus\underline{C} \equiv \underline{O}\oplus$.

d) Molekülorbital-Behandlung

Im folgenden wollen wir die Behandlung der Bindung auf der Basis der Hundschen Methode der Bildung von Molekül-Wellenfunktionen betrachten. Wir haben schon früher gesehen, in welcher Weise zwei $1s$-Orbitale kombiniert werden können, um entweder eine bindende Funktion Ψ oder eine lockernde Funktion Ψ' zu ergeben:

$$\Psi = 1s_A + 1s_B \tag{2.12}$$

$$\Psi' = 1s_A - 1s_B \tag{2.13}$$

Wenn wir uns vorstellen, daß sich die beiden Atome immer mehr nähern und sich schließlich vereinigen, so sehen wir, daß an dieser Grenze ψ, eine Funktion ohne Knotenebene, in das $1s$-Orbital des kombinierten Atoms übergeht. ψ', eine Funktion mit einer Knotenebene, würde ganz analog in ein $2p$-Orbital, d. h. ein angeregtes Orbital hoher Energie übergehen. Diese Verhältnisse sind durch Abb. 18 illustriert.

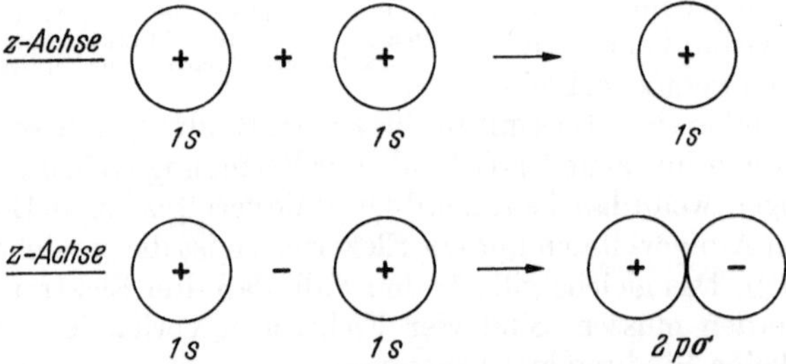

Abb. 18. Graphische Darstellung der 2 Möglichkeiten, zwei $1s$-Funktionen zu kombinieren

Auf diese einfache Weise finden wir eine andere Erklärung dafür, daß Ψ eine bindende Funktion und Ψ' eine lockernde Funktion für ein Molekül ist. MULLIKEN hat gezeigt, daß man bindende und lockernde Funktionen unterscheiden kann, wenn man die Typen der Funktionen kombinierter Atome betrachtet, die bei der Kombination anderer als $1s$-Atomfunktionen entstehen.

Für die Kombination scheinen folgende Regeln zu gelten:
1) Der gerade oder ungerade Charakter einer Gesamtwellenfunktion muß beibehalten werden, gleichgültig wie groß der zwischenatomare Abstand ist.
2) Die Drehimpulskomponente des Orbitals entlang der Verbindungslinie der Zentren muß unabhängig vom Kernabstand sein. Man bezeichnet sie mit λ. Nimmt man als Verbindungslinie der Zentren die z-Achse an, so ergeben sich für die verschiedenen s-, p- und d-Orbitale die in Tabelle 2 zusammengefaßten Werte für λ.
3) Kurven, die die Energieänderung mit der Änderung des Kernabstandes zeigen, dürfen nicht konvergieren oder sich kreuzen, wenn sie sich

auf Zustände mit dem *gleichen* λ-Wert und der *gleichen* geraden oder ungeraden Symmetrie beziehen (vgl. Abb. 19).

Tabelle 2

Drehimpulskomponente λ	Kombinierte Atomfunktion
$+\ 2$	$d_{x^2-y^2}$
$+\ 1$	$p_x,\ d_{xz}$
0	$s,\ p_z,\ d_{z^2}$
$-\ 1$	$p_y,\ d_{yz}$
$-\ 2$	d_{xy}

Sind die Paare der Atomfunktionen noch gut getrennt, dann haben die Quantenzahlen n und l eine klare physikalische Bedeutung. Dies gilt ebenso, wenn die Funktion des kombinierten Atoms gebildet ist. Bei dazwischenliegenden Stufen der Vereinigung ist die Bedeutung von n und l unklar und die gewöhnlichen numerischen Werte sind nicht sinnvoll, weil sie sich während der Vereinigung ändern. Man kann lediglich die

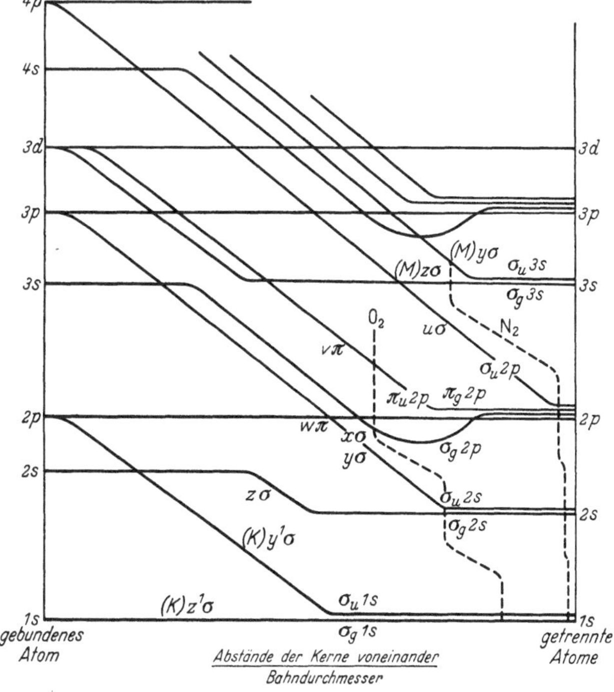

Abb. 19. Bezugsdiagramm für die Kombination gleichartiger Atome (nach Mulliken)

normalen Quantenzahlen durch qualitative Symbole $u, v, w \ldots$ ersetzen, wobei die Energie in der alphabetischen Reihenfolge der Symbole abnehmen soll.

Beachten wir diese Prinzipien, dann ergibt sich für die schon behandelte Kombination von $1s$-Orbitalen die in Gl. (2.14) und Gl. (2.15) wiedergegebene Entwicklung der Wellenfunktionen:

$$\psi = 1s_A + 1s_B \to \sigma_g\,1s \to (k)\,z\sigma \to 1s\sigma \to 1s \qquad (2.14)$$

$$\psi' = 1s_A - 1s_B \to \sigma_u\,1s \to (k)\,y\sigma \to 2p\sigma \to 2p \qquad (2.15)$$

MULLIKEN hat ein Bezugsdiagramm der üblichen Kombinationen gleicher Orbitale am gleichen Kern aufgestellt, das in Abb. 19 dargestellt ist. Eine horizontale Linie stellt den Übergang in ein bindendes Orbital, eine ansteigende Linie den Übergang in ein lockerndes Orbital dar.

Das Diagramm zeigt, daß den oben gegebenen Regeln gemäß $2s$-Funktionen auf zweierlei Weise kombiniert werden können, nämlich

$$2s_A + 2s_B \to \sigma_g 2s \to z\sigma \to 2s\sigma \to 2s \qquad (2.16)$$

$$2s_A - 2s_B \to \sigma_u 2s \to y\sigma \to 3p\pi \to 3p \qquad (2.17)$$

Gl. (2.16) entwickelt sich in der obigen Weise, weil die Kombination vom σ-Typ und gerade ist. Die Bezugslinie darf deshalb nach $2s$ führen, obwohl sie die Bezugslinie von $1s$ nach $2p$ kreuzt. Da die letztere jedoch dem σ-Typ entspricht und ungerade ist, braucht das Kreuzungsverbot nicht beachtet zu werden.

Dagegen kann die Kombination (2.17), die vom π-Typ und ungerade ist, nicht nach $2p$ führen, ohne die Bezugslinie von $1s$ nach $2p$ zu berühren. Die letztere ist aber auch vom π-Typ und ungerade, und diese Berührung deshalb verboten. Die Kombination muß deshalb zum nächsten p-Orbital, d. h. zum $3p$-Orbital führen.

Auf ganz analoge Weise kann man verstehen, wie sich die Paare von $2p$-Orbitalen auf viererlei Art in kombinierte Atomorbitale verwandeln lassen. Die 4 möglichen Kombinationen sind in den folgenden Entwicklungen (2.18–2.21) beschrieben:

$$2p_A\sigma - 2p_B\sigma \to \sigma_g 2p \to x\sigma \to 3s\sigma \to 3s \qquad (2.18)$$

$$2p_A\pi + 2p_B\pi \to \pi_u 2p \to w\pi \to 2p_\pi \to 2p \qquad (2.19)$$

$$2p_A\pi - 2p_B\pi \to \pi_g 2p \to v\pi \to 3d_\pi \to 3d \qquad (2.20)$$

$$2p_A\sigma + 2p_B\sigma \to \sigma_u 2p \to u\sigma \to 4p\sigma \to 4p \qquad (2.21)$$

Um nun die oben entwickelten Prinzipien anzuwenden, untersucht man zunächst, welche Orbitale an zwei Kernen kombiniert werden müssen, um die zur Verfügung stehenden Elektronen unterzubringen. Dann werden die notwendigen Kombinationen durchgeführt und aus dem obigen Schema ihre relativen Energien erhalten. Das Ergebnis ermöglicht die Entscheidung, ob ein Molekül gebildet werden kann und welche Charakteristika es haben wird.

Die für H_2 und He_2 erforderlichen Kombinationen und ihre Resultate sind schon diskutiert worden. Bei der Betrachtung der Kombination von Paaren schwererer Atome wird die Gesamtwirkung der Elektronen in den aus $1s$-Funktionen gebildeten bindenden und lockernden Orbitalen als entweder bindend oder lockernd betrachtet. Solche Orbitale werden als $K_A K_B$ bezeichnet. Da sie verglichen mit den äußeren Orbitalen klein sind, spielen sie bei der Verbindungsbildung keine Rolle.

Für die Vereinigung der Atome zu den Molekülen C_2, N_2, O_2, F_2 und Ne_2 würden sich die in (2.22–2.26) beschriebenen Entwicklungen ergeben. Die bindenden Orbitale in den kombinierten Atomen sind unterstrichen.

$$2\,C\,(1s^2 2s^2 2p^2) \longrightarrow C_2(K_A K_B\,\underline{2s\sigma^2}\,3p\sigma^2\,\underline{2p_\pi^4}) \tag{2.22}$$

$$2\,N\,(1s^2\,2s^2\,2p^3) \longrightarrow N_2(K_A K_B\,\underline{2s\sigma^2}\,3p\sigma^2\,\underline{2p_\pi^4}\,3s\sigma^2) \tag{2.23}$$

$$2\,O\,(1s^2\,2s^2\,2p^4) \longrightarrow O_2(K_A K_B\,\underline{2s\sigma^2}\,3p\sigma^2\,3s\sigma^2\,\underline{2p_\pi^4}\,3d_\pi^2) \tag{2.24}$$

$$2\,F\,(1s^2\,2s^2\,2p_6 \longrightarrow F_2(K_A K_B\,\underline{2s\sigma^2}\,3p\sigma^2\,3s\sigma^2\,\underline{2p_\pi^4}\,3d_\pi^4) \tag{2.25}$$

$$2\,Ne\,(1s^2\,2s^2\,2p^6) \longrightarrow Ne_2(K_A K_B\,\underline{2s\sigma^2}\,3p\sigma^2\,3s\sigma^2\,\underline{2p_\pi^4}\,3d_\pi^4\,4p_\pi^2) \tag{2.26}$$

Im C_2-Molekül gibt es demnach 6 Elektronen in bindenden und 2 in lockernden Orbitalen, so daß insgesamt 4 Elektronen bindend wirken. Im Stickstoffmolekül N_2 resultieren $8 - 2 = 6$ bindende Elektronen, im Sauerstoffmolekül O_2 $8 - 4 = 4$ und im Fluormolekül F_2 $8 - 6 = 2$ bindende Elektronen. In Ne_2 bleiben keine bindenden Elektronen mehr übrig.

Weiter mag hier bemerkt werden, daß im Sauerstoffmolekül die $3d_\pi$-Orbitale nur halb besetzt sind. Es gibt ein $3d_{\pi x}$- und ein $3d_{\pi y}$-Orbital, auf die sich die zwei verbleibenden Elektronen verteilen können. Die Elektronen können dann parallele Spins haben. Auf diese Weise läßt sich der Paramagnetismus des Sauerstoffmoleküls leicht erklären.

Wenn man dem Schluß aus der Valenzbindungstheorie folgend annimmt, daß je zwei Elektronen eine Bindung bilden, kann man die obigen Resultate so interpretieren, daß es in C_2 eine Doppelbindung, in N_2 eine Dreifachbindung, in O_2 eine Doppelbindung, in F_2 eine Einfachbindung und in Ne_2 überhaupt keine Bindung gibt. Wie wir schon gesehen haben, führt die direkte Anwendung der Valenzbindungs-Behandlung auf diese Moleküle zum gleichen Ergebnis.

3. Mehratomige Moleküle
Stereochemie

a) Einfachere mehratomige Moleküle

α) Einführung. Die Behandlung mehratomiger Moleküle sowohl nach der Methode von HEITLER und LONDON wie auch nach der Methode von HUND hat immer das gleiche Ziel, nämlich eine Wellenfunktion für das ganze Molekül zu erhalten. Die Heitler-Londonsche Methode wurde von SLATER und PAULING[1] erweitert (HLSP-Methode). Tatsächlich kann man die gewünschte Wellenfunktion durch Kombination von unabhängigen Funktionen des Heitler-London-Typs für die einzelnen Atompaare erhalten. Hat ein Atom mehr als ein Orbital niedriger Energie und steht die richtige Anzahl anderer Atome und die richtige Zahl von Elektronen zur Verfügung, so kann es anstatt Mehrfachbindungen mit *einem* anderen Atom zu bilden, Einfachbindungen mit *mehreren* anderen Atomen eingehen. Stehen beispielsweise drei Orbitale zur Verfügung, so kann es entweder Einfachbindungen zu drei anderen Atomen, eine Einfachbindung zu einem und eine Doppelbindung zu einem zweiten Atom oder schließlich eine Dreifachbindung zu einem anderen Atom ausbilden.

Die Hundsche Methode ist von R. S. MULLIKEN und E. HÜCKEL auf mehratomige Systeme ausgedehnt worden. Man bezeichnet sie oft als Molekülorbital-Methode (MO-Methode, vgl. S. 24). Charakteristisch für diese Methode ist die Betonung der Symmetrie der Wellenfunktionen. Die linearen Kombinationen werden ausgedehnt, so daß sie die Funktionen aller im Molekül befindlichen Atome einschließen. Enthält das Molekül beispielsweise die Atome A, B, C ..., so betrachtet man eine Funktion $\alpha \psi_A + \beta \psi_B + \gamma \psi_C + \ldots$ Es ist wieder das Pauli-Prinzip zu berücksichtigen, d. h. wenn mehr als zwei Elektronen vorhanden sind, müssen die restlichen Elektronen in anderen Orbitalen untergebracht werden.

β) Das H_3^+-Molekül. Das einfachste Molekül aus mehr als 2 Atomen ist H_3^+ mit drei Kernen und zwei Elektronen. H_3^{++} mit nur einem Elektron wäre instabil. Nach der Molekülorbital-Methode kann aus den einzelnen Wellenfunktionen der drei Atome A, B und C ein bindendes Orbital auf zweifache Weise aufgebaut werden, je nachdem, ob die Kerne A, B und C auf einer Linie mit dem Atom B in der Mitte (zwischen A und C) liegen oder ob sie in Form eines gleichseitigen Dreiecks angeordnet sind.

---

[1] Siehe z. B. PAULING, L., und E. B. WILSON: Introduction to Quantum Mechanics. New York: McGraw-Hill Book Co. 1935.

Gl. (3.1) gibt die Wellenfunktion für den ersten Fall, Gl. (3.2) die Wellenfunktion für den zweiten Fall wieder:

$$\Psi\,\text{lin.} = \frac{1}{2}\left[\Psi_A + \sqrt{2}\,\psi_B + \psi_C\right] \tag{3.1}$$

$$\Psi\,\text{trig.} = \frac{1}{\sqrt{3}}\left[\psi_A + \psi_B + \psi_C\right] \tag{3.2}$$

Weiter läßt sich für jede Anordnung eine nichtbindende Funktion bilden:

$$\Psi' = \frac{1}{2}\left[\psi_A - \psi_C\right] \tag{3.3}$$

Diese Funktion ist nichtbindend, da sie eine Knotenebene hat, die die Verbindungslinie der Kerne A und C halbiert, so daß ein Elektron in dieser Funkton eine Abstoßung zwischen A und C bewirken würde (vgl. S. 16).

In H_3^+ können beide Elektronen in bindenden Funktionen angeordnet werden. Die nichtbindenden Funktionen brauchen nicht besetzt zu werden, so daß eine Abstoßung zwischen A und C nicht auftritt und die trigonale Anordnung zufriedenstellend ist. In einem Molekül H_3 müßte dagegen ein Elektron in der nichtbindenden Funktion untergebracht werden. Die daraus resultierende Abstoßung zwischen A und C würde die lineare Anordnung der Atome begünstigen.

Coulson[1] hat durch Berechnung der Energie des trigonalen Systems H_3^+ relativ zu $H_2 + H^+$ unter grober Berücksichtigung der Abstoßung zwischen den Elektronen eine Stabilität von ca. 2 e.V $\approx$ 50 kcal/mol ermittelt. Dieses Ergebnis wird später auf die Erklärung der Existenz von Verbindungen, wie die Borhydride angewendet.

γ) Das Wassermolekül. Ein Sauerstoffatom mit der Elektronenverteilung $1s^2 2s^2 2p_x{}^1 2p_y{}^1 2p_z{}^2$ kann mit den Wasserstoffatomen H_x und H_y (s. Abb. 20) zwei Einfachbindungen eingehen, da sich zwei getrennte Funktionen Gl. (3.4) und Gl. (3.5) von der Art der Heitler-Londonschen Funktion

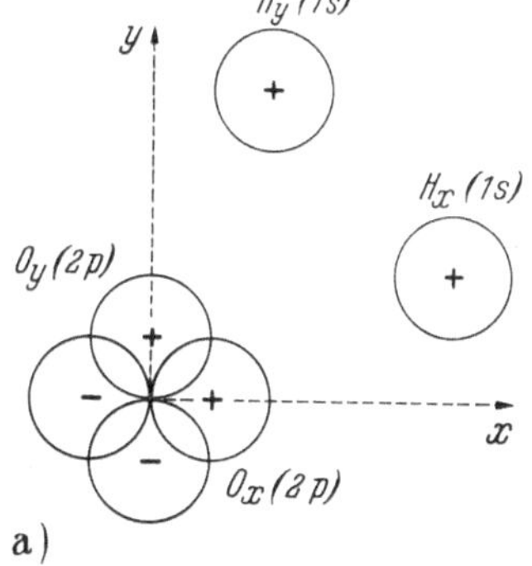

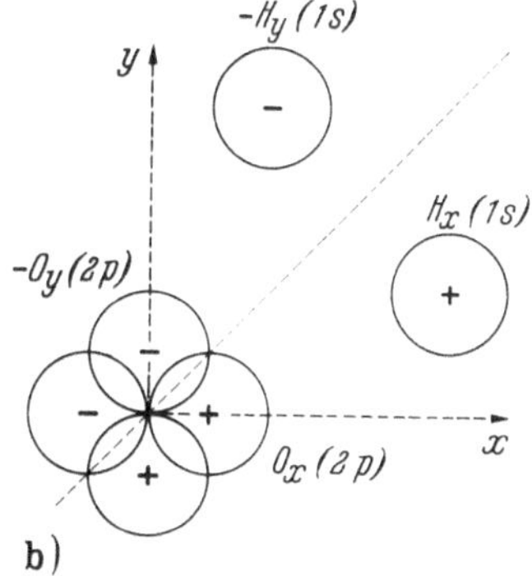

Abb. 20 a u. b. Graphische Darstellung der Molekülorbitale im Wassermolekül

---

[1] Coulson, C. A.: Proc. Chem. Phil. Soc. **31**, 244 (1935).

$$\Psi_x = \frac{1}{N} \left[\psi H_x(1)\, \psi O_x(2) + \psi H_x(2)\, \psi O_x(1) \right] \tag{3.4}$$

$$\Psi_y = \frac{1}{N} \left[\psi H_y(3)\, \psi O_y(4) + \psi H_y(4)\, \psi O_y(3) \right] \tag{3.5}$$

bilden lassen, die mit jeweils zwei Elektronen besetzt werden können. Das $2p_z$-Orbital spielt in dieser Behandlung bei der Bindung keine Rolle.

Untersucht man, ob eine Bindung zwischen den beiden Wasserstoffatomen möglich ist, so findet man, daß diese sich fast ebenso verhalten wie zwei Heliumatome, d. h. sie stoßen einander ab. Dies rührt daher, daß jedes H-Atom nur ein brauchbares Orbital, d. h. nur *ein* Orbital niedriger Energie zur Verfügung hat. Diese Orbitale werden für die bindenden Funktionen Ψ_x und Ψ_y zwischen den Wasserstoffatomen und dem Sauerstoffatom benötigt.

Lassen wir bei der Hundschen Behandlung die in den $1s$-, $2s$- und $2p_z$-Orbitalen befindlichen Elektronen außer acht und betrachten sie als am Kern lokalisiert, dann sind vier Elektronen in den zwei aus den $1s$-Funktionen der Wasserstoffatome und den $2p_x$- und $2p_y$-Funktionen des Sauerstoffatoms gebildeten Orbitalen unterzubringen. Diese beiden Molekülorbitale für das Wassermolekül können in folgender Weise gebildet werden. Die zwei $1s$-Funktionen des Wasserstoffs können entweder nach Gl. (3.6) oder Gl. (3.7) kombiniert werden.

$$\Psi_I = \frac{1}{\sqrt{2}} \left(\psi H_x + \psi H_y \right) \tag{3.6}$$

$$\Psi_{II} = \frac{1}{\sqrt{2}} \left(\psi H_x - \psi H_y \right) \tag{3.7}$$

In analoger Weise lassen sich die $2p_x$- und $2p_y$-Orbitale des Sauerstoffatoms kombinieren und ergeben Gl. (3.8) und Gl. (3.9):

$$\Psi_{III} = \frac{1}{\sqrt{2}} \left(\psi O_x + \psi O_y \right) \tag{3.8}$$

$$\Psi_{IV} = \frac{1}{\sqrt{2}} \left(\psi O_x - \psi O_y \right) \tag{3.9}$$

Ψ_I und Ψ_{III} haben keine Knotenebenen (vgl. Abb. 20a). Dagegen haben Ψ_{II} und Ψ_{IV} jeweils eine den Winkel H—O—H halbierende Knotenebene (vgl. Abb. 20b). Die beiden Funktionen ohne Knotenebenen können nun kombiniert werden zu einem knotenfreien Molekülorbital. Die beiden Funktionen mit Knotenebenen können ein Molekülorbital mit einer Knotenebene bilden. Diese Regel ergibt sich in folgender Weise:

Die Überlappungsfunktion eines solchen Moleküls ist ein Produkt einer kombinierten Wasserstoff-Funktion und einer kombinierten Sauerstoff-Funktion. Es gibt die in Abb. 21 graphisch dargestellten vier Möglichkeiten, nämlich die Überlappung a) der Wasserstoff-Funktion Ψ_I [Gl. (3.3)] mit der Sauerstoff-Funktion Ψ_{III} [Gl. (3.5)], b) der Wasserstoff-Funktion Ψ_I [Gl. (3.3)] mit der Sauerstoff-Funktion Ψ_{IV} [Gl. (3.6)],

c) der Wasserstoff-Funktion Ψ_{II} [Gl. (3.4)] mit der Sauerstoff-Funktion Ψ_{III} Gl. (3.5) und schließlich d der Wasserstoff-Funktion Ψ_{II} Gl. (3.4) mit der Sauerstoff-Funktion

Ψ_{IV} Gl. (3.6). Für den Fall a) ist das Produkt der Funktionen im ganzen Raum positiv, da beide Arten von Funktionen die gleiche Symmetrie haben und deshalb der Wert des integrierten Produktes nicht null ist. Im Falle b) und c) ist das Produkt auf einer Seite der Knotenebene positiv und auf der anderen negativ. Wegen der Symmetrie der Baufunktionen gibt es für jeden Wert des Produktes im positiven Gebiet einen genau gleichen Wert im negativen Gebiet, so daß der Gesamtwert null ist. Im Fall d) ist das Produkt wieder in beiden Ge-

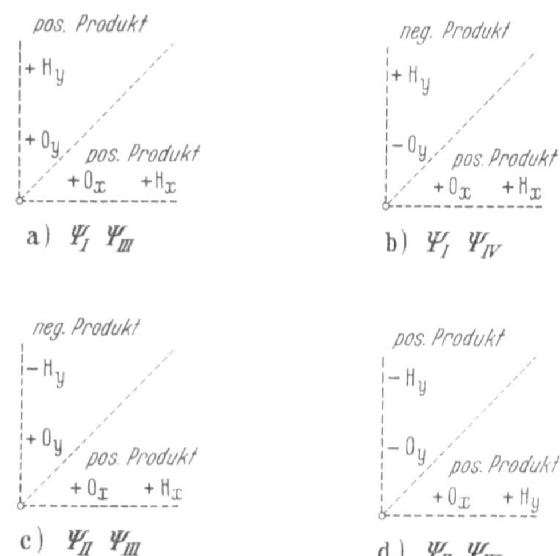

Abb. 21 a–d. Diagramme, die die Komponenten der Produkte der Wasserstoff-Funktionen und der Sauerstoff-Funktionen zeigen

bieten positiv, da beide Funktionen an der Knotenebene einen Vorzeichenwechsel erleiden. Deshalb ist das Integral in diesem Fall nicht null. Da eine Änderung der Elektronenverteilung nur dann entsteht, wenn das Überlappungsintegral $\neq 0$ ist, folgt daraus, daß nur in den Fällen a) und d) eine bedeutsame Störung des Sauerstoffatoms durch die Wasserstoffatome und umgekehrt eintritt. Man sieht, daß es nur sinnvoll ist, die kombinierten H-1s-Funktionen und die kombinierten O-2p-Funktionen derselben Symmetrie bezüglich des Vorzeichens zu verbinden. Solche einfachen, auf der Symmetrie basierenden Bauregeln für Funktionen haben ein weites Anwendungsgebiet und sind, wie wir später noch sehen werden, von großem Wert.

δ) Äquivalente Orbitale. Die *MO*-Behandlung des Wassermoleküls, die im letzten Abschnitt betrachtet worden ist, geht von Orbitalen aus, in denen die Elektronen als nicht lokalisiert angesehen werden. Sie steht damit im Gegensatz zu der *HLSP*-Methode. Man kann jedoch sehr leicht lokalisierte Molekülorbital-Funktionen

$$\Psi_x = \frac{1}{N}\left[\psi H_x(1) + \psi O_x(1)\right]\left[\psi H_x(2) + \psi O_x(2)\right] \qquad (3.10)$$

$$\Psi_y = \frac{1}{N}\left[\psi H_y(3) + \psi O_y(3)\right]\left[\psi H_y(4) + \psi O_y(4)\right] \qquad (3.11)$$

formulieren, die den Heitler-Londonschen Funktionen viel ähnlicher sind und sich hauptsächlich durch das Maß unterscheiden, in dem die Abstoßung der Elektronen berücksichtigt ist.

Man kann zeigen, daß ein Paar von Funktionen durch einen algebraischen Prozeß in ein anderes verwandelt werden kann[1]. Das bedeutet, daß die Funktionenpaare ganz oder fast ganz äquivalent sind, d. h. daß sie die gleiche gesamte Elektronenverteilung und die gleiche Gesamtenergie beschreiben. Daraus folgt, daß die Wahl, lokalisierte oder nichtlokalisierte Funktionen zu benützen, fast vollkommen willkürlich ist und durch Bequemlichkeitsgründe oder den Wunsch, diesen oder jenen Aspekt der Struktur zu betonen, entschieden wird. Weitere Ausführungen zum Gegenstand dieses Abschnittes sind in Kapitel 4 gemacht.

b) Stereochemie

α) Allgemeine Einführung. Eine der wichtigsten Eigenschaften des Moleküls ist seine Gestalt. Es ist an diesem Punkt zweckmäßig zu betrachten, wie einige der beobachteten Molekülstrukturen erklärt werden können.

Die von SLATER und PAULING erweiterte Heitler-Londonsche Methode (HLSP-Methode) und die von MULLIKEN und HÜCKEL erweiterte Hundsche Methode (MO-Methode), die auf den ersten Blick verschieden zu sein scheinen, aber im Grunde ganz ähnlich sind, bilden die Grundlage für die Theorie der Stereochemie.

β) HLSP-Behandlung. Benützt man die HLSP-Methode, so denkt man zunächst immer an das Zentralatom, die Natur der Orbitale und an die Zahl der nur ein Elektron enthaltenden Orbitale. Die Wellenfunktionen für das freie Atom sind vom gleichen allgemeinen Typ wie die des Wasserstoffatoms und sie haben die gleichen $\Theta\Phi$-Funktionen. Diese können zur charakteristischen Stereochemie des Zentralatoms führen. Dies ist, wenigstens angenähert, der Fall bei den Molekülen des Wassers und des Ammoniaks, wo (wie unten näher ausgeführt ist) die Gestalt und die gegenseitige Orientierung der $2p$-Orbitale zeigen, daß die Bindungswinkel zwischen dem Sauerstoffatom und den Wasserstoffatomen, bzw. zwischen dem Stickstoffatom und den Wasserstoffatomen 90° sein müssen.

Dieses Ergebnis ist eine Folge des Grundprinzips, daß die Gleichgewichtsgestalt des Moleküls einem Energieminimum entspricht. Um diese Gestalt zu finden, ist es notwendig, die Energieintegrale zu ermitteln und ihre Abhängigkeit von der Gestalt zu untersuchen.

Auf einfachere Weise kommt man zu ähnlichen Ergebnissen, wenn man die Abhängigkeit der Gestalt von den entsprechenden Überlappungsintegralen betrachtet und untersucht, welche Gestalt mit einer maximalen Überlappung verbunden ist (vgl. Kap. 2, S. 16). Für das Wasser- und das Ammoniakmolekül hätte man die Überlappung der $1s$-Funktionen des Wasserstoffs mit den $2p$-Funktionen des Sauerstoffs bzw. des Stickstoffs zu untersuchen. Man findet, wie aus Abb. 22 leicht zu ersehen ist, daß die Überlappung für jeden Abstand zwischen den Zentren der beiden

---

[1] COULSON, C. A.: Valence, Kap. 7-9. Oxford: Clarendon Press 1952.

Orbitale am größten ist, wenn das $1s$-Orbital auf der Symmetrieachse des $2p$-Orbitals liegt. Steht die Linie zwischen den Zentren senkrecht auf der Symmetrieachse der $2p$-Funktion, dann ist die Überlappung insgesamt gleich null. Da die verschiedenen $2p$-Orbitale ihrerseits aufeinander senkrecht stehende Symmetrieachsen haben, müssen die zwischen dem Zentralatom und den Liganden unter ihrer Beteiligung gebildeten σ-Bindungen ebenfalls orthogonal sein.

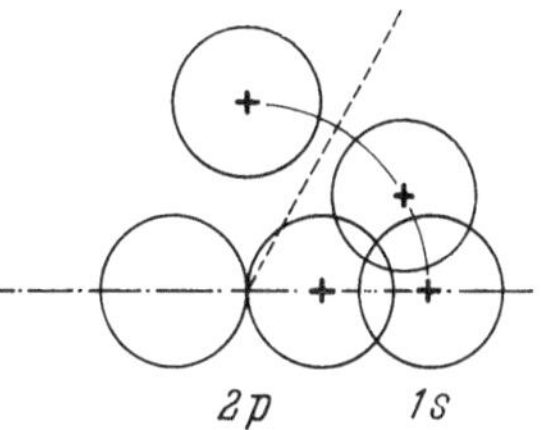

Abb. 22. Überlappung zwischen einer $1s$-Funktion und einer $2p$-Funktion mit gleichem Abstand der Funktionszentren in Abhängigkeit vom Winkel der Kombination

Die Liganden können jedoch das Zentralatom stören, und das führt zu einer Bastardisierung oder Hybridisierung der Orbitale, bewirkt ein anderes stereochemisches Verhalten und hat eine größere Überlappung der Orbitale zur Folge. Um diese Feststellungen besser zu verstehen, sollen die Hybridisierungsvorgänge mehr im einzelnen betrachtet werden.

γ) Hybridisierung. Eine s- und eine p-Funktion können durch Kombination zwei neue sp-Funktionen ergeben, deren Orbitallappen sich weiter als diejenigen der p-Orbitallappen vom Zentrum des Koordinatensystems in den Raum erstrecken. Abb. 23 zeigt die Bildung von sp-Orbi-

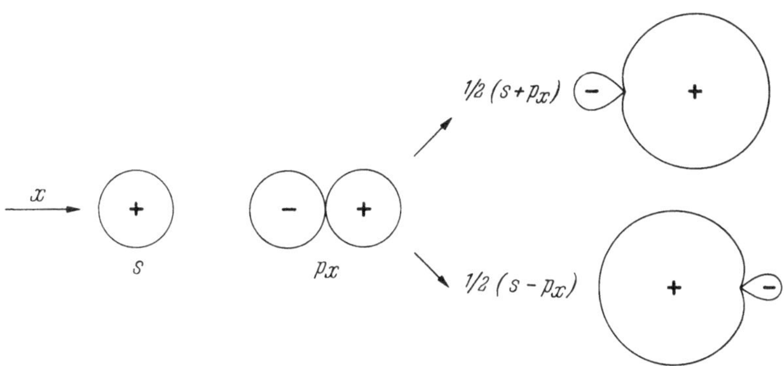

Abb. 23. Die Bildung von sp-Orbitalen aus einem s- und einem p_x-Orbital

talen aus einem s- und einem p_x-Orbital. Es sei besonders hervorgehoben, daß dieses Ergebnis resultiert, weil die *Wellenfunktionen* einander überlagert werden. Dadurch kann der negative Teil einer Wellenfunktion den positiven Teil einer anderen aufheben. Werden dagegen zwei positive Teile einander überlagert, vergrößert das die Funktion in dem betreffenden Gebiet. Die einer neuen Funktion entsprechende Elektronenverteilung erhält man durch Quadrieren der Funktion, nämlich z. B. $\frac{1}{2}(\psi p_x + \psi s)^2$. Die Überlagerung der Elektronenverteilungen, die den Funktionen der einzelnen Komponenten entsprechen, d. h. die Überlagerung von $\frac{1}{2}\psi p_x^2 + \frac{1}{2}\psi s^2$, würde *nicht* zu diesem Ergebnis führen.

Da Bindungen in den Richtungen der maximalen Überlappung gebildet werden, geben die *sp*-Orbitale zwei starke Bindungen, die einen Winkel von 180° einschließen. Die *s*- und *p*-Orbitale für sich würden keine besonders gerichteten Bindungen ergeben, da die *s*-Funktion kugelsymmetrisch ist und keinen Anlaß zu einer bevorzugten Bindungsrichtung gibt. Die durch die Hybridisierung verbesserte Gesamtüberlappung kann eine stärkere Bindung bewirken.

Aus zwei *p*-Funktionen läßt sich durch Kombination auf zwei verschiedene Weisen immer ein neues Paar von Funktionen bilden, dessen Symmetrieachsen von den ursprünglichen verschieden sind. Diese durch Kombination ermöglichte Rotation der *p*-Achsen ist in Abb. 24 gezeigt.

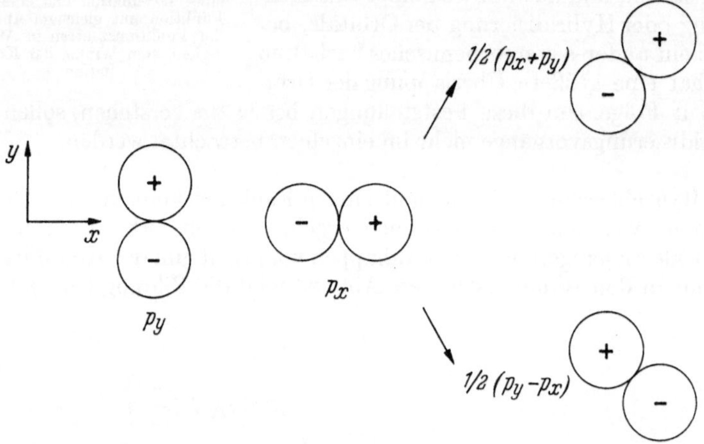

Abb. 24. Die Rotation der Achsen der *p*-Orbitale durch Kombination

Wird dies beachtet, so ist auch einzusehen, daß durch Kombination je eines Teiles zweier *p*-Funktionen mit einem Teil einer *s*-Funktion, wie in

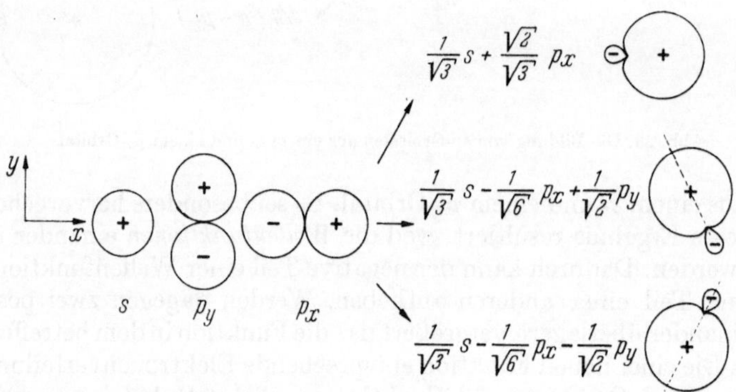

Abb. 25. Die Bildung von sp^2-Orbitalen aus einem *s*-, einem p_x- und einem p_y-Orbital

Abb. 25 dargestellt ist, eine trigonale Gruppe von untereinander gleichwertigen Orbitalen erhalten werden kann.

Mit drei p-Orbitalen und einem s-Orbital können in ähnlicher Weise vier neue Orbitale in drei Dimensionen gebildet werden. Aus den Kombinationen Gl. (3.12–3.15)

$$\Psi_I = \frac{1}{2}\,(s + p_x + p_y + p_z) \tag{3.12}$$

$$\Psi_{II} = \frac{1}{2}\,(s + p_x - p_y - p_z) \tag{3.13}$$

$$\Psi_{III} = \frac{1}{2}\,(s - p_x + p_y - p_z) \tag{3.14}$$

$$\Psi_{IV} = \frac{1}{2}\,(s - p_x - p_y + p_z) \tag{3.15}$$

resultieren vier äquivalente Orbitale, die nach den Ecken eines Tetraeders ausgerichtet sind[1].

Durch die in Gl. (3.16–3.19) beschriebenen Kombinationen eines s-, eines p_x-, eines p_y und eines $d_{x^2-y^2}$-Orbitals wird eine ebene, quadratische Anordnung von vier Orbitalen gebildet (siehe Abb. 26).

$$\Psi_I' = \frac{1}{2}s + \frac{1}{\sqrt{2}}\,p_x + \frac{1}{2}\,d_{x^2-y^2} \tag{3.16}$$

$$\Psi_{II}' = \frac{1}{2}s - \frac{1}{\sqrt{2}}\,p_x + \frac{1}{2}\,d_{x^2-y^2} \tag{3.17}$$

$$\Psi_{III}' = \frac{1}{2}s + \frac{1}{\sqrt{2}}\,p_y - \frac{1}{2}\,d_{x^2-y^2} \tag{3.18}$$

$$\Psi_{IV}' = \frac{1}{2}s - \frac{1}{\sqrt{2}}\,p_y - \frac{1}{2}\,d_{x^2-y^2} \tag{3.19}$$

In ähnlicher Weise führt die Kombination eines s-, eines p_x-, eines p_y-, eines p_z-, eines $d_{x^2-y^2}$- und eines d_{z^2}-Orbitals zu sechs Funktionen, die

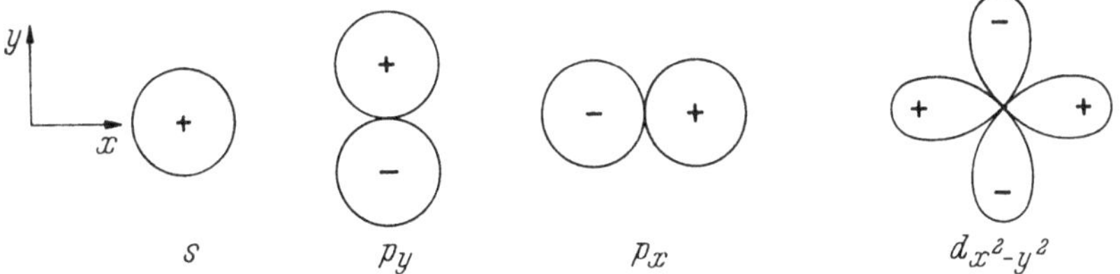

Abb. 26. Die Bildung einer quadratisch, ebenen Gruppe von Orbitalen

nach den Achsen des Koordinatensystems ausgerichtet sind. Alle sechs Funktionen sind untereinander gleichwertig. Dies geht zwar aus dieser einfachen Darstellung nicht unmittelbar hervor, kann aber durch genaue Berechnung bewiesen werden.

Ein s-, drei p- und ein d_{z^2}-Orbital ergeben bei der Kombination eine trigonale Bipyramide.

---

[1] Für eine ausführliche Darstellung s. PAULING, L.: The Nature of the Chemical Bond, 3. Edition. New York: Cornell University Press Ithaca, 1960.

Daneben gibt es, wie KIMBALL[1] gezeigt hat, noch viele andere Möglichkeiten der Kombination (siehe Tabelle 3). Diese erlauben, die beobachtete Stereochemie eines Zentralatoms leicht zu erklären. Voraussagen bezüglich des stereochemischen Verhaltens sind bisher nur wenige gemacht worden.

Tabelle 3

Stabile Bindungsanordnungen (nach KIMBALL)

Koord.-Zahl	Elektronen-Konfiguration	Anordnung der Liganden	starke π-Orbitale*	schwache π-Orbitale*
2	sp	linear	p^2d^2	—
	dp	linear	p^2d^2	—
	p^2	gewinkelt	$d(pd)$	$d(sd)$
	ds	gewinkelt	$d(pd)$	$p(pd)$
	d^2	gewinkelt	$d(pd)$	$p(spd)$
3	sp^2	trigonal eben	pd^2	d^2
	dp^2	trigonal eben	pd^2	d^2
	d^2s	trigonal eben	pd^2	p^2
	d^3	trigonal eben	pd^2	p^2
	dsp	unsymm. eben	pd^2	$(pd)d$
	p^3	trigonal pyramidal	—	$(sd)d^4$
	d^2p	trigonal pyramidal	—	$(sd)p^2d^2$
4	sp^3	tetraedrisch	d^2	d^3
	d^3s	tetraedrisch	d^2	p^3
	dsp^2	tetragonal eben	d^3p	—
	d^2p^2	tetragonal eben	d^3p	—
	d^2sp	unregelmäßig tetraedrisch	—	d
	dp^3	unregelmäßig tetraedrisch	—	s
	d^3p	unregelmäßig tetraedrisch	—	s
	d^4	tetragonal pyramidal	d	$(sp)p$
5	dsp^3	trigonal bipyramidal	d^2	d^2
	d^3sp	trigonal bipyramidal	d^2	p^2
	d^2sp^2	tetragonal pyramidal	d	pd^2
	d^4s	tetragonal pyramidal	d	p^3
	d^2p^3	tetragonal pyramidal	d	sd^2
	d^4p	tetragonal pyramidal	d	sp^2
	d^3p^2	pentagonal eben	pd^2	—
	d^5	pentagonal pyramidal	—	$(sp)p^2$
6	d^2sp^3	oktaedrisch	d^3	—
	d^4sp	trigonal prismatisch	—	p^2d
	d^5p	trigonal prismatisch	—	p^2s
	d^3p^3	trigonal antiprismatisch	—	sd
7	d^3sp^3	ZrF_7^{3-}	—	d^2
	d^5sp	ZrF_7^{3-}	—	p^2
	d^4sp^2	TaF_7^{2-}	—	dp
	d^4p^3	TaF_7^{2-}	—	ds
	d^5p^2	TaF_7^{2-}	—	ps
8	d^4sp^3	dodekaedrisch	d	—
	d^5p^3	antiprismatisch	—	s

* In Spalte 4 und 5 sind die für starke und schwache π-Bindungen zur Verfügung stehenden Orbitale wiedergegeben. Kann nur eines von zwei oder drei Orbitalen für die Bildung von π-Bindungen verwendet werden, so sind die zur Auswahl stehenden Orbitale in Klammern gesetzt.

---

[1] KIMBALL, G. E.: J. Chem. Phys. 8, 188 (1940).

Um eine bezüglich des Zentrums auf einer Seite stark überwiegende Funktion zu erhalten, die dadurch zur Bildung einer starken, gerichteten Bindung befähigt ist, muß, wie aus obigen Beispielen hervorgeht, eine gerade mit einer ungeraden Funktion kombiniert werden[1].

Im Wassermolekül mögen das s- und die drei p-Orbitale des Sauerstoffatoms zu einem gewissen Grad hybridisiert sein. Als Ergebnis davon liegt der Winkel zwischen den O—H-Bindungen zwischen 90^0 und $109^0\ 28'$, und die zwei freien Elektronenpaare sind möglicherweise in zwei gleichwertigen, annähernd tetraedrischen Orbitalen untergebracht.

Die Wechselwirkungen zwischen den Liganden sind bei den höher symmetrischen Anordnungen, z. B. solchen mit trigonaler, tetraedrischer, quadratischer oder oktaedrischer Symmetrie gleich und bezüglich jeder Bindungsachse symmetrisch. Sie sind daher ohne Einfluß auf die Stereochemie des Moleküls. Dagegen beeinflussen die gegenseitigen Wechselwirkungen in weniger symmetrischen Molekülen, wie in Wasser oder in Ammoniak, die Stereochemie, d. h. auch sie können eine Änderung der Valenzwinkel bewirken.

δ) Die Molekülorbital-Behandlung. Die MO-Behandlung der Stereochemie ist weniger gut bekannt. Sie führt aber zu den gleichen Ergebnissen wie die HLSP-Methode. Die MO-Behandlung des Wassermoleküls ist schon beschrieben worden (vgl. S. 23). Wenn man die die Wechselwirkung zwischen den Liganden beschreibenden Integrale vernachlässigt, so erreicht die Energie für die Elektronen in den beiden Orbitalen ihr Minimum bei einem H—O—H-Winkel von 90^0. Dies rührt wieder wie bei der HLSP-Behandlung daher, daß die Überlappung zwischen entsprechenden s- und p-Orbitalen dann einen maximalen Wert erreicht. Berücksichtigt man aber die vorgenannten Integrale, so findet man einen Winkel $> 90^0$.

Die MO-Behandlung des Methanmoleküls ist folgendermaßen durchzuführen: Es ist möglich, die Wellenfunktionen ψ_1, ψ_2, ψ_3, ψ_4 der vier Wasserstoffatome in der in Spalte 1 der Tabelle 4 gezeigten Weise zu

Tabelle 4

Kombinationen der Wellenfunktionen	Symmetrie der kombinierten Ligandfunktionen	Symmetrie der Funktionen des C-Atoms
$\psi_1 + \psi_2 + \psi_3 + \psi_4$	Σ	s
$\psi_1 + \psi_2 - \psi_3 - \psi_4$	Π_x	p_x
$\psi_1 - \psi_2 + \psi_3 - \psi_4$	Π_y	p_y
$\psi_1 - \psi_2 - \psi_3 + \psi_4$	Π_z	p_z

kombinieren. Nehmen wir zunächst eine tetraedrische Anordnung der Wasserstoffatome an, so haben die Kombinationen die in Spalte 2 der Tabelle 4 beschriebenen Symmetrien. Sie stimmen mit den in Spalte 3 der gleichen Tabelle wiedergegebenen Symmetrien der vier Atomorbitale

---

[1] PILCHER, G., u. H. A. SKINNER: J. Inorg. Nucl. Chem. **7**, 8 (1958).

des Kohlenstoffatoms überein (vgl. Abb. 27). Deshalb können vier Molekülorbitale mit guter Überlappung und damit vernünftig niedriger Energie gebildet werden. Eine tetraedrische Anordnung der Wasserstoffatome führt demnach zu einem befriedigenden Ergebnis.

Dagegen würde man zwischen den kombinierten Funktionen der Wasserstoffatome und den Funktionen des Kohlenstoffatoms keine Übereinstimmung erhalten, wenn die Wasserstoffatome an den Ecken eines Quadrates sitzen würden. Aus diesem Grund kann Methan keine ebene Struktur besitzen. Die HLSP- und die MO-Methode führen so zu dem gleichen Resultat.

Es würde sich jedoch für eine solche ebene Anordnung von vier Liganden eine Übereinstimmung der Orbitale ergeben, wenn das Zentralatom ein s-, zwei p- und ein $d_{x^2-y^2}$-Orbital niedriger Energie zur Verfügung stellen könnte, die in der in Tabelle 5 gezeigten Weise kombiniert wären (vgl. Abb. 28):

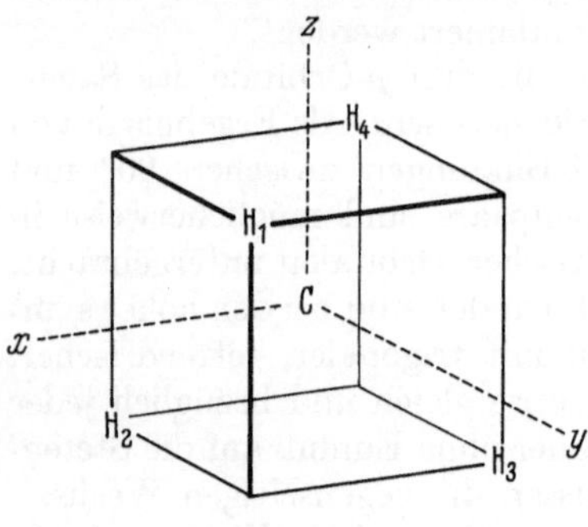

Abb. 27. Das Methanmolekül

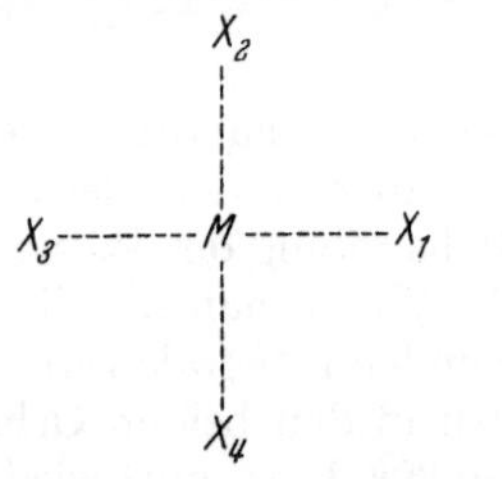

Abb. 28. Quadratisch ebene Anordnung der Liganden in einem Molekül MX_4

Tabelle 5

Kombinationen der Wellenfunktionen	Symmetrie der kombinierten Ligandfunktionen	Symmetrie der Funktionen des Zentralatoms
$\psi_1 + \psi_2 + \psi_3 + \psi_4$	Σ	s
$\psi_1 - \psi_3$	Π_x	p_x
$\psi_2 - \psi_4$	Π_y	p_y
$\psi_1 - \psi_2 + \psi_3 - \psi_4$	Δ	$d_{x^2-y^2}$

ϵ) **Allgemeines.** Es sollen hier noch zwei Punkte besonders hervorgehoben werden:

1) Man muß in erster Linie immer untersuchen, ob eine bestimmte stereochemische Anordnung erlaubt ist. Man kann aber nicht aus vorgegebenen Orbitalen eine Stereochemie ableiten, d. h. es ist nur Induktion, aber keine Deduktion möglich.

2) Derartige Symmetriebetrachtungen sind anscheinend von der Hauptquantenzahl der Wellenfunktion unabhängig, zumindest dann, wenn wir uns nur mit den äußeren Teilen der Wellenfunktion beschäftigen. Es ist aber zu beachten, daß die $R(r)$-Funktion von der Hauptquantenzahl ab-

hängt, die dadurch die Größe der Orbitale beeinflußt. Die Orbitale können aber nur dann in nützlicher Weise hybridisiert oder kombiniert werden, wenn sie ungefähr die gleiche Größe haben. Für die Frage, ob eine Bindung möglich ist, ist also die Hauptquantenzahl von Bedeutung, wenn sie auch die Symmetriebetrachtungen nicht beeinflußt.

c) Kompliziertere mehratomige Moleküle

Die Borhydride. Es ist zweckmäßig, an dieser Stelle die Theorie der mehrzentrigen Orbitale auf ein ganz anderes Problem, nämlich die beobachteten Strukturen der Borhydride anzuwenden. Das einfachste Borhydrid, B_2H_6, hat die in Abb. 29 gezeigte Brücken- oder Ringstruktur:

Diese kann nach der bisher besprochenen, einfachen Valenzbindungstheorie nicht erklärt werden, da die vorhandenen Elektronen $(2 \cdot 3 + 6 = 12)$ nicht ausreichen, um jede der 8 Bindungen mit einem Paar von Elektronen zu versehen. Wasserstoff hat nur ein Orbital niedriger Energie, das $1s$-Orbital, und kann normalerweise nur eine Bindung zu einem anderen Atom ausbilden. Die Verbindung B_2H_6 hat sowohl einen Mangel an Elektronen wie auch an Orbitalen. Betrachtet man jedoch die Dreizentren-Molekülorbitale, (vgl. S. 29) die man unter Verwendung je eines Orbitals der beiden Boratome und des Orbitals eines Brücken-Wasserstoffatoms bilden kann, so lassen sich die Gl. (3.20–3.23) formulieren:

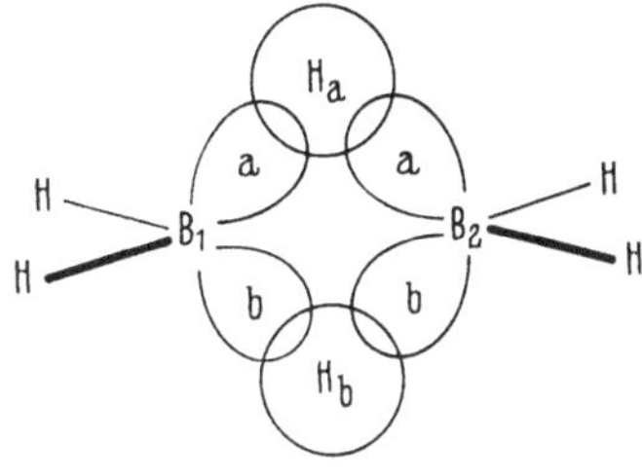

Abb. 29. Struktur des Borhydrids B_2H_6 mit Darstellung der Orbitale in der Wasserstoffbrücke

$$\Psi_a = \frac{1}{N} (\psi B_{1a} + \psi H_a + \psi B_{2a}) \qquad (3.20)$$

$$\Psi'_a = \frac{1}{N} (\psi B_{1a} - \psi B_{2a}) \qquad (3.21)$$

$$\Psi_b = \frac{1}{N} (\psi B_{1b} + \psi H_b + \psi B_{2b}) \qquad (3.22)$$

$$\Psi_b = \frac{1}{N} (\psi B_{1b} - \psi B_{2b}) \qquad (3.23)$$

In Gl. (3.21) u. Gl. (3.23) ist der Gewichtskoeffizient von $\psi H_a = 0$. Auf diese Weise lassen sich für jede Funktionengruppe, a oder b, eine σ-ähnliche, wahrscheinlich bindende Funktion und zwei π-ähnliche Funktionen, die wahrscheinlich nichtbindend oder lockernd sind, bilden. Betrachtet man die Bindungen zwischen den äußeren, d. h. keine Brücken bildenden Wasserstoffatome und den Boratomen als lokalisiert (bez. der Lokalisierung von Elektronen s. Kap. 4), dann müssen sechs bindende Funktionen mit Elektronenpaaren aufgefüllt werden. Hierfür sind gerade genügend viele Elektronen (12) vorhanden.

Zu einem ähnlichen Ergebnis gelangt man bei der Betrachtung der in Abb. 30 wiedergegebenen Struktur des Moleküls B_4H_{10}.[1]

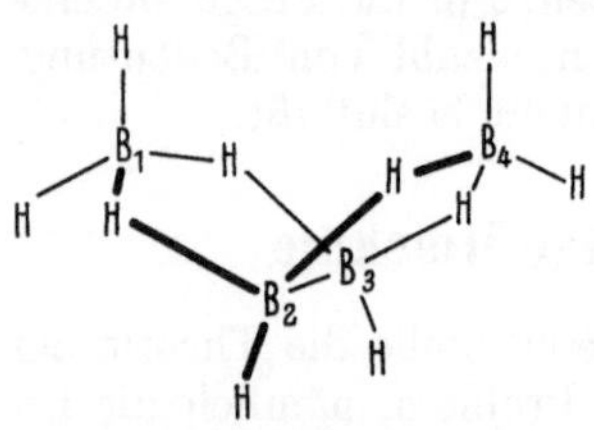

Abb. 30. Struktur des Borhydrids B_4H_{10}

In diesem Molekül stehen insgesamt 22 Elektronen zur Verfügung. Nimmt man zwischen den Boratomen und den isolierten Wasserstoffatomen und ebenso zwischen den Boratomen B_2 und B_4 lokalisierte Bindungen an, so gibt es sieben solcher Bindungen, die je ein Elektronenpaar benötigen. Es bleiben demnach noch acht Elektronen übrig, die gerade ausreichen, um die vier bindenden Dreizentren-Orbitale, die die Brücken-Wasserstoffatome einbeziehen, aufzufüllen. Es sind dies die Orbitale B_1HB_2; B_2HB_3; B_3HB_4 und B_4HB_1.

Auf die gleiche Weise läßt sich die in Abb. 31 dargestellte Struktur des Borhydrids B_5H_9 verstehen. Sie bildet eine quadratische Pyramide. Es sind in dieser Verbindung insgesamt $5 \cdot 3 + 9 = 24$ Elektronen vorhanden. Für die fünf lokalisierten Bindungen zu den äußeren Wasserstoffatomen und die vier Dreizentrenorbitale, die die vier Brücken-Wasserstoffe einbeziehen, benötigt man insgesamt $10 + 8 = 18$ Elektronen. Es sind also 6 weitere Elektronen unterzubringen. Bisher sind eines der vier Orbitale des Atoms B_5 und drei eines jeden Boratoms an der Grundfläche der Pyramide B_1, B_2, B_3 und B_4 für die Bildung der Zwei- oder Dreizentrenfunktionen verwendet worden. Wir können annehmen, daß eines der drei am Boratom B_5 verbleibenden Orbitale σ-Symmetrie hat und zwei bezüglich der vierzähligen Symmetrieachse des Moleküls π-Symmetrie aufweisen. Die einzelnen Orbitale, die noch

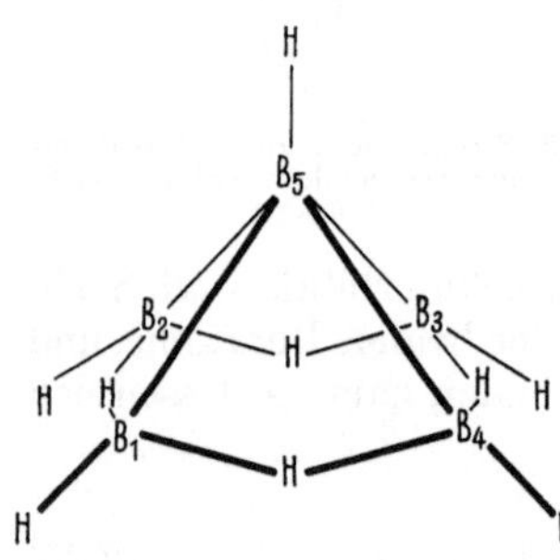

Abb. 31. Struktur des Borhydrids B_5H_9

an den Boratomen B_1, B_2, B_3 und B_4 verblieben sind, können nun in dreifacher Weise kombiniert werden

$$\psi_s = \psi B_1 + \psi B_2 + \psi B_3 + \psi B_4 \tag{3.24}$$

$$\psi p_x = \psi B_4 - \psi B_2 \tag{3.25}$$

$$\psi p_y = \psi B_3 - \psi B_1 \tag{3.26}$$

Diese drei Kombinationen können dann ihrerseits mit den Atomorbitalen des Atoms B_5, die, wie gesagt, vom σ- bzw. π-Typ sind, kombiniert werden und so ein Fünfzentren- und zwei Dreizentrenorbitale geben. Damit ist gerade genügend Raum für die sechs restlichen Elektronen geschaffen.

---

[1] LIPSCOMB, W. N.: Journ. Chem. Phys. **22**, 985 (1954)

Entsprechende Behandlungen können auf alle bekannten Borhydride angewendet werden. Man kann deshalb sagen, daß ihre Strukturen auf der Basis der Molekülorbital-Theorie verstanden werden können, obwohl es kaum möglich ist, Energien zu berechnen, nicht einmal für das einfachste Borhydrid B_2H_6.[1] Dagegen wäre es wohl kaum korrekt zu behaupten, daß die Strukturen damit erklärt seien.

---

[1] HAMILTON, W. C.: Proc. Roy. Soc. **235** A, 395 (1956).

4. Resonanz
Elektronen-Delokalisierung

a) Einführung

In Kapitel 2 sahen wir, daß HEITLER und LONDON eine lineare Kombination der Produkte von Atomfunktionen einführten, um in erster Annäherung die Wellenfunktion für ein zweiatomiges Molekül zu erhalten:

$$\Psi = \frac{1}{\sqrt{2}} \left[\psi_A(1)\psi_B(2) \pm \psi_A(2)\psi_B(1) \right] \tag{2.2}$$

Schon vorher war eine ähnliche Kombination von Produktfunktionen verwendet worden, um in erster Annäherung die Wellenfunktion für das Heliumatom in seinem ersten angeregten Zustand zu erhalten:

$$\Psi = \frac{1}{\sqrt{2}} \left[\psi_{1s}(1)\psi_{2s}(2) \pm \psi_{1s}(2)\psi_{2s}(1) \right] \tag{4.1}$$

Als Ergebnis der Verwendung einer solchen Funktion erweist sich die Gesamtenergie des Systems als verschieden von der Energie, die den einzelnen Produkten, d. h. einer Lokalisierung der Elektronen an bestimmten Kernen im Molekül oder in bestimmten Wellenfunktionen im Falle des Atoms entspricht. Dies rührt daher, daß bei der Berechnung der Energien Integrale auftreten, die bei der Verwendung nur einfacher Produktfunktionen nicht erscheinen würden. Die Störungen, die den Gebrauch dieser komplizierteren Wellenfunktionen nötig machen, erteilen diesen Integralen Werte $\neq$ 0. Sind z. B. die Kerne zweier Wasserstoffatome sehr weit voneinander entfernt, so verschwinden die Störungen und die Werte der neuen Integrale, der sog. Resonanz- oder Austauschintegrale (s. unten), werden 0. Dann genügt eine der beiden Produktfunktionen entweder $\psi_A(1)\ \psi_B(2)$ oder $\psi_A(2)\ \psi_B(1)$. Wenn sich die beiden Kerne A und B jedoch nähern, fallen die Störungen mehr und mehr ins Gewicht, die Werte der Resonanzintegrale wachsen, und die Bedeutung der linearen Kombinationsfunktion nimmt zu.

Wir haben in unserer Behandlung bis jetzt nur die Veränderlichkeit der Wellenfunktion im Raum, aber nicht mit der Zeit betrachtet. Untersucht man jedoch die letztere, so scheint es, daß die Elektronen sich so verhalten, als ob sie die Möglichkeit hätten von einem Ort zum anderen überzugehen, so daß sie im Zeitdurchschnitt nicht lokalisiert sind.

Wegen der Beziehung von Elektronen und Wellen gibt es zwischen einem Elektron, das zwischen zwei Orten hin und her schwingt oder ausgetauscht wird und dem Austausch einer Schwingungsamplitude zwischen zwei Teilen eines komplexen Schwingungssystems eine Art Analogie. Dieses letztere Phänomen wurde in der klassischen Mechanik mit dem Namen „Resonanz" belegt. Dieser Ausdruck wurde nun auch für die Bezeichnung der Elektronen-Delokalisierung verwendet, die durch Wellenfunktionen, wie die oben gezeigten, dargestellt wird. Die Integrale, die die Wirkung der Elektronen-Delokalisierungsenergie ausdrücken, werden oft Resonanz- oder Austauschintegrale genannt.

b) Die HLSP-Behandlung

Bei der Erweiterung der Heitler-Londonschen Behandlung durch SLATER und PAULING auf mehratomige Moleküle fand man, daß es in einigen Fällen nötig war, eine lineare Kombination von Funktionen zu gebrauchen, deren jede einer einzelnen, besonderen Lokalisierung von Bindungen zwischen den verschiedenen Atompaaren entsprach. Dies sei an zwei einfachen hypothetischen Systemen erläutert. So muß z. B. für drei an den Ecken eines gleichseitigen Dreiecks befindliche Wasserstoffatome (vgl. Abb. 32) die richtige Wellenfunktion aus einer linearen Kombination dreier Wellenfunktionen, deren jede einer Bindung zwischen einem

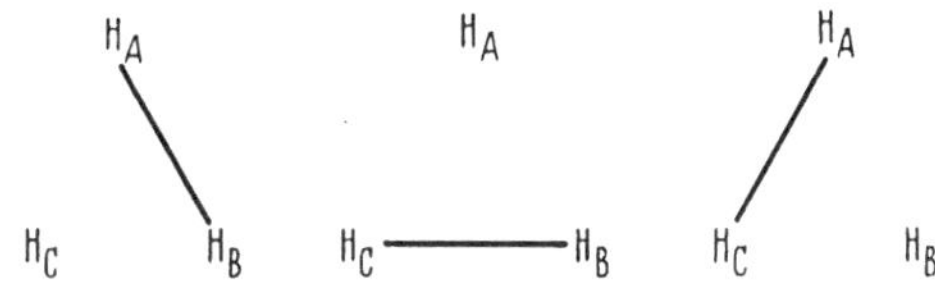

Abb. 32. Darstellung der Heitler-London-Funktionen für ein H_3-Molekül mit trigonaler Symmetrie

Atompaar entspricht, entstehen. Für ein System von sechs Wasserstoffatomen die sich an den Ecken eines regelmäßigen Sechsecks befinden, sollten wir fünf Funktionen der in Abb. 33 dargestellten Bindungsanordnungen zu kombinieren haben.

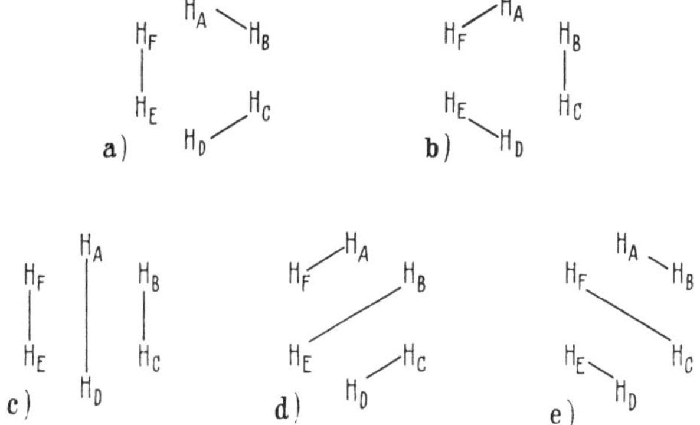

Abb. 33 a-e. Darstellung der Heitler-London-Funktionen für ein H_6-Molekül mit hexagonaler Symmetrie

Man erhält eine so komplexe Formulierung, wenn die verschiedenen Anordnungen der Bindungen zu den gleichen oder ähnlichen Energien führen. Für H_3 haben die drei Formen offensichtlich die gleichen Energien. Für H_6 haben die Bindungsanordnungen a und b einerseits und c, d und e andererseits untereinander die gleichen Energien. Eine Bindungsanordnung der ersten Gruppe hat jedoch eine niedrigere Energie als eine solche der zweiten Gruppe. Daher ist ihre Bedeutung größer, andererseits enthält die zweite Gruppe mehr Formen.

Auf σ-Bindungen angewendet, sind solche Betrachtungen für den Chemiker meist nicht von Wichtigkeit. Die erwähnten Systeme sind nicht stabil, obwohl sie für die Natur von Aktivierungskomplexen in Reaktionsmechanismen von Bedeutung sein können. Die Anwendung der obigen Betrachtungen auf π-Bindungen, die einem System von σ-Bindungen überlagert sind, besitzt jedoch große Bedeutung. Betrachten wir C_6 mit einem Skelett von 6 σ-Bindungen, die die Atome in einem ebenen Ring zusammenhalten und 6 σ-Bindungen, die radial aus der Ebene herausragen, so müßte jedes Kohlenstoffatom hierzu ein $2s$- und zwei $2p$-Orbitale beisteuern. Dadurch bliebe das dritte Orbital jedes Atoms nur durch ein Elektron besetzt. Die π-Bindung im Molekül als Ganzes kann dann durch die Kombination von Funktionen, die den Kekulé-Formeln [a und b] und den Dewar-Formeln [c, d und e] entsprechen, beschrieben werden.

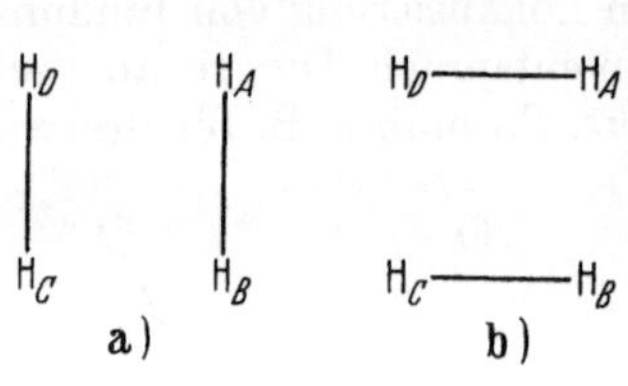

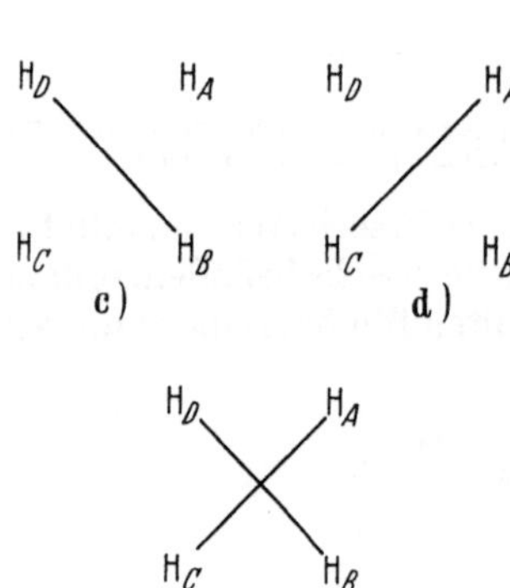

Abb. 34 a-e. Darstellung der Heitler-London-Funktionen für ein H_4-Molekül mit tetragonaler Symmetrie

Teilfunktionen können nur kombiniert werden, wenn sie den gleichen Gesamt-Elektronenspin haben. So könnten z. B. in H_4 (vgl. Abb. 34) Strukturen mit nur *einer* Bindung (Abb. 34 c, d) nicht mit solchen, die *zwei* Bindungen haben (Abb. 34 a, b) kombiniert werden, da die ersteren zwei ungepaarte Elektronenspins, die letzteren keine haben. Weiter erweisen sich einige mögliche Strukturen als nicht unabhängig, so z. B. die in Abb. 34 e gezeigte Struktur, die durch lineare Kombination aus c und d gebildet werden kann. Eine Gruppe von wirklich unabhängigen Strukturen wird manchmal eine *kanonische Gruppe* genannt. Die Kekulé- und Dewar-Strukturen bilden eine solche Gruppe für C_6.

Für Methan könnte man entweder nur *eine* Struktur mit σ-Bindungen zwischen den am nächsten benachbarten Atomen aufstellen, wie sie in Abb. 35 a gezeigt ist, oder man könnte sechs Strukturen von dem in Abb. 35 b gezeigten Typ oder schließlich drei Strukturen von dem durch Abb. 35 c dargestellten Typ bilden. Die beiden letzteren Typen von Strukturfunktionen hätten jedoch eine viel höhere Energie als die erste Struktur und sind daher bei der Bestimmung der

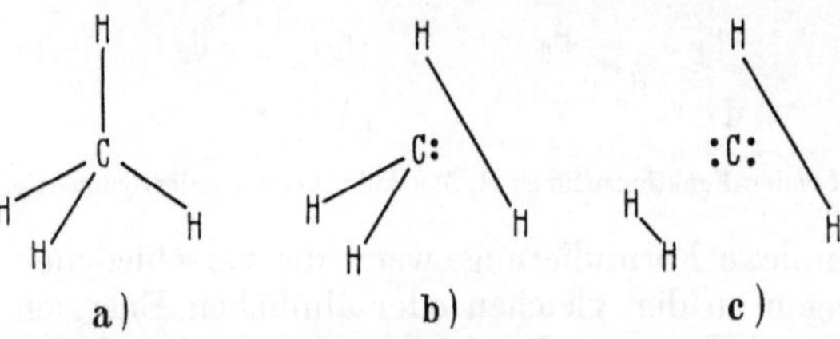

Abb. 35 a-c. Darstellung von Heitler-London-Funktionen für das Methan-Molekül

Struktur oder der Eigenschaften des Moleküls wahrscheinlich ohne Bedeutung.

c) Die MO-Behandlung

Die Molekülorbital-Methode führt auf einem anderen Weg zu den gleichen allgemeinen Schlüssen. Für eines der vorstehend genannten Beispiele, z. B. C_6, in dem kein Atom bezüglich seiner Umgebung bevorzugt ist, da alle an den Ecken eines regelmäßigen Sechsecks sitzen, kann das Molekülorbital von niedrigster Energie durch Kombinieren aller mit den gleichen Gewichtsfaktoren versehenen $2p_z$-Atomorbitale erhalten werden.

$$\Psi = \frac{1}{N}\,(\psi 2p_{z\,\mathrm{A}} + \psi 2p_{z\,\mathrm{B}} + \psi 2p_{z\,\mathrm{C}} + \psi 2p_{z\,\mathrm{D}} + \psi 2p_{z\,\mathrm{E}} + \psi 2p_{z\,\mathrm{F}}) \qquad (4.2)$$

Da alle Atomorbitale den gleichen Koeffizienten haben, wird das Molekülorbital bezüglich der z-Achse Σ-ähnliche Symmetrie haben. Genauer gesagt, das Orbital wird, wenn man den Ring von der Seite her betrachtet, keine zur Ringebene senkrecht stehende Knotenebene haben. Daher könnte das Molekülorbital als Ganzes an einer σ-Bindung entlang der Achse senkrecht zu seiner Ebene beteiligt sein. Dieses Orbital kann jedoch nur von zwei Elektronen besetzt werden. Daher müssen durch verschiedene Kombinationen der gleichen Atomorbitale zwei andere Molekülorbitale gebildet werden. Diese müssen, um genügend verschieden zu sein, jeweils eine Knotenebene senkrecht zur Ringebene besitzen, so daß sie bezüglich der auf der Ringebene stehenden Achse Π-Symmetrie haben. Die drei Molekülorbitale sind in Abb. 36 a–c dargestellt.

Andere Funktionen mit Δ-ähnlicher Symmetrie können ebenfalls gebildet werden. Man braucht sie jedoch nicht zu benützen, da alle sechs Elektronen in dem Σ- und den beiden Π-ähnlichen Molekülorbitalen untergebracht werden können.

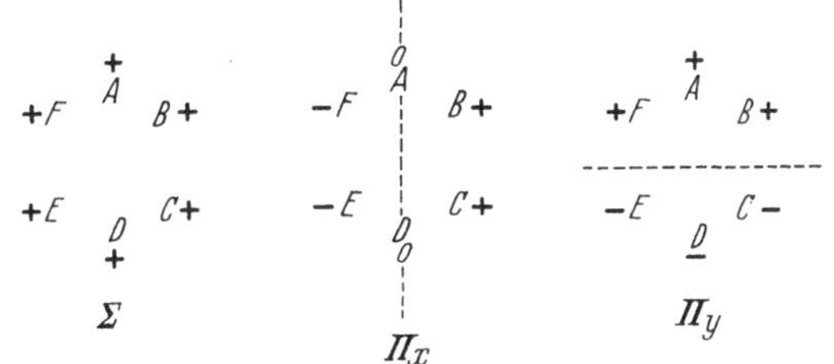

Abb. 36. Darstellung der Σ-, Π_x- und Π_y-Orbitale für 6 Atome mit hexagonaler Symmetrie

Es findet sich in dieser Behandlung keine Andeutung dafür, daß die sechs Elektronen – zusätzlich zu den für die Bildung des σ-Bindungsgerüstes benützten – in Bindungen zwischen besonderen Atompaaren lokalisiert sein sollen: sie sind von Anfang an als delokalisiert betrachtet worden.

Es wäre möglich, Methan in der gleichen Weise zu behandeln (vgl. Kap. 3) und zwei von den insgesamt 10 Elektronen als in der K-Schale des Kohlenstoffs lokalisiert zu betrachten, die übrigen acht jedoch in einem Molekülorbital vom Σ-Typ und in drei Molekülorbitalen vom

π-Typ befindlich und als delokalisiert anzusehen. C. A. Coulson[1] weist jedoch darauf hin, daß diese Behandlung viele wichtige Charakteristika dieses besonderen Moleküls nicht zu erklären vermag, insbesondere solche wie Bindungsenergien, Bindungslängen, Schwingungsfrequenzen usw., die zeigen, daß die Bindungen relativ unabhängig sind. Daher ist die einfache Molekülorbital-Theorie in diesem Fall nicht nur qualitativ, sondern sogar irreführend. Coulson zeigte jedoch weiter, daß die die Delokalisierung ausdrückenden Wellenfunktionen sehr einfach in eine andere Gruppe von Funktionen übergeführt werden können (wie es auch für das Molekül des Wassers gezeigt wurde, s. S. 31), die die Lokalisierung zum Ausdruck bringen. Er zeigt, daß der Unterschied zwischen den zwei Verbindungsklassen, die durch Methan und Benzol repräsentiert werden, leicht aus der Überlappung der Wellenfunktionen der einzelnen Komponenten ersehen werden kann. Im Methanmolekül gibt es eine starke Überlappung von je einer der vier hybridisierten sp^3-Atomfunktionen des Kohlenstoffatoms mit je einer der vier verschiedenen Wasserstoff-Atomfunktionen. Dagegen ist die Überlappung zwischen den verschiedenen Paaren von lokalisierten Kohlenstoff-Wasserstoff-Bindungsfunktionen, d. h. zwischen den Bindungspaaren untereinander gering.

Im Gegensatz dazu rechtfertigt das Kriterium der Überlappung, auf Benzol angewandt, für die π-Bindungen tatsächlich eine Annahme von delokalisierten Orbitaltypen. Die Überlappung der π-Atomfunktionen ist beispielsweise zwischen den Atomen 1 und 2 beim Benzol ebenso groß wie zwischen den Atomen 2 und 3. Tatsächlich überlappt die p-Funktion jedes Kohlenstoffatoms in gleicher Weise mit den p-Funktionen seiner beiden Nachbarn.

d) Energiebetrachtungen

Beide Behandlungen führen, wie wir gesehen haben, zum gleichen allgemeinen Schluß. Es ergibt sich aber noch ein weiteres wichtiges Resultat. Die richtigen Wellenfunktionen für ein Molekül wie Benzol beschreiben eine bessere Überlappung zwischen den Atomen als eine lokalisierte Bindungen ausdrückende Funktion, d. h. die Energie des tatsächlichen Systems ist niedriger als die der letzteren Funktion entsprechende. Der Energieunterschied wird oft als „Resonanz-" oder „Delokalisierungs-" Energie bezeichnet. Im Gegensatz dazu zeigt der Vergleich der der Delokalisierung und der Lokalisierung von Elektronen im Methanmolekül entsprechenden Energien, daß der Unterschied nur gering ist.

Es muß hier betont werden, daß die bis hierher gegebene Darstellung einige Einschränkungen erfahren muß. Das Auftreten von Resonanz hängt noch von weiteren Voraussetzungen ab. Bei der Behandlung des Benzols sowohl nach der HLSP-Methode wie auch nach der MO-Methode war angenommen worden, daß sich die sechs Kohlenstoffatome an den Ecken eines regelmäßigen Sechsecks befinden. Könnte man eine einzelne Kekulé-Struktur isolieren, so würde sie jedoch kein regelmäßiges Sechs-

---

[1] Coulson, C. A.: Valence. Kap. 7—9. Oxford: Clarendon Press 1952.

eck darstellen, da Doppelbindungen kürzer als Einfachbindungen sind (r(C=C) = 1.34 Å; r(C—C) = 1,54 Å). Man müßte also, um ein regelmäßiges Sechseck zu erhalten, die Doppelbindungen verlängern und die Einzelbindungen verkürzen (r(C—C) beob. in Benzol = 1,397 Å). Beide Prozesse erfordern Energie[1]. Der durch verbesserte Überlappung erreichte Energiegewinn muß mindestens dazu ausreichen, diese Energie zu kompensieren. Spektroskopische Daten zeigen nun, daß Benzol tatsächlich ein regelmäßiges Sechseck darstellt, so daß wir den berechtigten Schluß ziehen können, daß diese Bedingung erfüllt ist.

Weiter ist es, um eine maximale Überlappung zu erreichen, notwendig, daß alle $2p_z$-Funktionen parallele Symmetrieachsen haben (vgl. Kap. 2, S. 20), d. h. daß das Skelett der σ-Bindungen in einer Ebene liegt. Im Falle des Benzols ist dies möglich. Wenn die σ-Bindungen durch sp^2-Hybridisierung gebildet werden, beträgt der Bindungswinkel 120°, d. h. die Bindungen der sechs Kohlenstoffatome erlauben die Bildung eines regelmäßigen Sechsecks.

$$
\begin{array}{ccc}
\text{H} & & \text{H} \\
\diagdown & & \diagup \\
\text{C} & = & \text{C} \\
\diagup & & \diagdown \\
\text{H—C} & & \text{C—H} \\
\| & & \| \\
\text{H—C} & & \text{C—H} \\
\diagdown & & \diagup \\
\text{C} & = & \text{C} \\
\diagup & & \diagdown \\
\text{H} & & \text{H}
\end{array}
$$

In Cyclooctatetraen dagegen müßte der innere Bindungswinkel 135° betragen, wenn das Molekül eben gebaut sein sollte. Der Unterschied zwischen diesem Winkel und dem Winkel von 120° für die sp^2-Hybridisierung oder sogar dem größeren Wert für den C—C—H-Winkel in Äthylen von 121–122° ist so groß, daß eine ebene Konfiguration eine große Spannung hätte. Auch die MO-Behandlung führt zu dem Ergebnis, daß die Stabilisierung durch Elektronendelokalisierung geringer wäre als im Benzolmolekül, da Orbitale vom Δ-Typ mit höherer Energie verwendet werden müssen, um die acht Elektronen in den p_π-Funktionen unterzubringen. Gleichzeitig ist auch die zur Verlängerung bzw. Verkürzung der Bindungen erforderliche Gesamtenergie größer, da jetzt acht anstelle von sechs Bindungen vorhanden sind. Deshalb ist es nicht erstaunlich, daß das Molekül tatsächlich nicht eben ist, daß die Bindungslängen wechseln und daß die Resonanzenergie nur 4.8 kcal/mol beträgt. Für Benzol errechnet sich dagegen eine Resonanzenergie von 36 kcal/mol. Die Resonanz oder Elektronendelokalisierung ist demnach in Cyclooctatetraen sehr viel geringer als in Benzol.

Weitere Einschränkungen der Möglichkeiten zur Resonanz, die auftreten, wenn d_π-Orbitale in Ringsystemen eine Rolle spielen, werden in Kapitel 5 besprochen werden.

---

[1] COULSON, C. A.: Valence. P. 237. Oxford: Clarendon Press 1952.

e) Polarität in Bindungen

In Kapitel 2 (S. 18) war bemerkt worden, daß sich die Hundsche Funktion für ein zweiatomiges Molekül von der Heitler-Londonschen Funktion durch die Terme $\psi_A (1) \; \psi_A (2)$ und $\psi_B (1) \; \psi_B (2)$ unterscheidet, die bedeuten, daß sich beide Elektronen in Atomorbitalen *eines* Kerns befinden. Sie werden deshalb als „ionische" Terme bezeichnet. Sie verändern die Elektronenverteilung, da sie, wie früher ausgeführt worden ist, bedeuten, daß die Wechselwirkung zwischen den Elektronen weniger betont wird, als wenn nur Heitler-London-Terme verwendet werden. Durch sie entstehen neue Integrale in der Energieberechnung und die Gesamtenergie wird erniedrigt. Die Heitler-London-Terme werden oft „kovalente" Terme genannt, so daß man von einer Resonanz zwischen kovalenten und ionischen Termen sprechen kann.

Es ist weiter bemerkt worden, daß keine der einfachen Behandlungen zufriedenstellend mit diesen ionischen Termen arbeitet, denen die gleiche Bedeutung wie den kovalenten Termen in der Hundschen Behandlung und überhaupt keine Bedeutung in der Heitler-Londonschen Behandlung beigemessen wird (vgl. Kap. 2). Es ist aber prinzipiell möglich, durch die Anwendung eines Koeffizienten als anpassungsfähigen Parameter für diese Terme eine noch bessere Funktion zu erhalten. Es gibt eine Methode, die es erlaubt, näherungsweise Wellenfunktionen des Grundzustandes zu finden. Sie ist auf einem allgemeingültigen Theorem aufgebaut, das sich von den mathematischen Eigenschaften von Wellenfunktionen ableitet und als Variationstheorem bezeichnet wird. Wie schon festgestellt worden ist (Kap. 1, S. 6), sind die Wellenfunktionen für irgendein mikromechanisches System, wie z. B. ein Molekül, Funktionen von Veränderlichen, z. B. x, y, z, die benötigt werden, um das System zu beschreiben. Aus irgendeiner beliebigen Wellenfunktion Ψ_n kann dann die entsprechende Gesamtenergie W_n errechnet werden.

Wird irgendeine willkürliche Funktion $F (x, y, z)$ mit den gleichen Veränderlichen wie eine Wellenfunktion verwendet, um eine Größe mit den Dimensionen einer Energie zu berechnen, so kann man zeigen, daß diese Energie größer sein muß als die tatsächliche Energie des Grundzustandes des Systems. Wenn man daher im obigen Fall den Koeffizienten für die ionischen Terme so wählt, daß die niedrigste Energie resultiert, so ist dies automatisch der beste Wert für diesen Koeffizienten.

Wenn die beiden Kerne in einem zweiatomigen Molekül identisch sind, haben die zwei ionischen Terme offensichtlich den gleichen Koeffizienten. Das Molekül ist deshalb teilweise ionisch, aber nicht polar. Sind die beiden Kerne jedoch voneinander verschieden, dann müßten die beiden Terme verschiedene Koeffizienten haben und das Molekül wäre polar.

f) Elektronegativität

PAULING nimmt an, daß in einem solchen Molekül mit ungleichen Kernen, z. B. in A—B, die Wichtigkeit der ionischen Terme insgesamt immer größer ist als in jedem der gleichkernigen Moleküle A—A oder B—B. Da die Addition einiger ionischer Terme zu den kovalenten im Falle der Moleküle A—A oder B—B eine niedrigere Energie zur Folge hat, kann die Addition eines noch größeren Anteils ionischer Terme im Falle des Moleküls A—B zu einer Energie führen, die relativ zu dem für die kovalente Form von A—B zu erwartenden Wert noch niedriger liegt. Man kann dann sagen, daß zwischen den kovalenten und polaren Strukturen für A—B Resonanz besteht und daß der Energieunterschied die Resonanzenergie für diesen Fall darstellt.

PAULING und HUGGINS nahmen an, daß die Energie einer hauptsächlich, aber nicht ausschließlich kovalenten Bindung zwischen den Atomen A und B gleich dem arithmetischen oder dem geometrischen Mittel der beobachteten Bildungsenergien der Bindungen A—A und B—B sei. Sie schlossen deshalb, daß die beobachtete Energie der Bindung A—B niedriger als einer dieser Mittelwerte sein sollte (d. h. die Bildungswärme sollte größer sein). Diese Voraussage oder dieser Schluß ist tatsächlich fast immer richtig[1]. Sind die Bildungswärmen von A—A und B—B nicht sehr verschieden, so kann die Regel des arithmetischen Mittels angewendet werden, sind sie sehr verschieden, so muß die Regel des geometrischen Mittels Anwendung finden (s. Abb. 37)

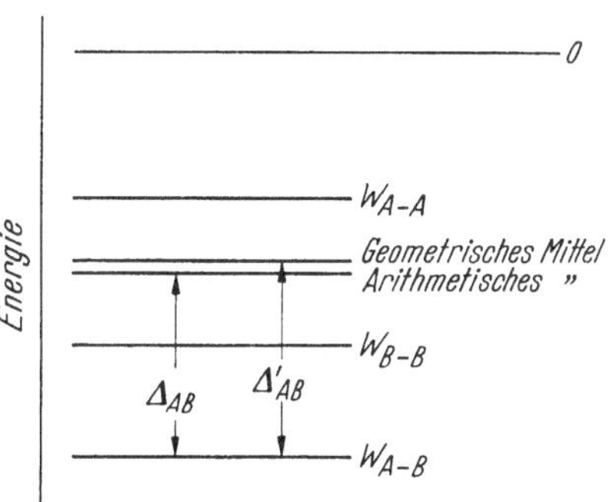

Abb. 37. Energieniveau-Schema für die Moleküle A–A, B–B und A–B

Die Größen Δ_{AB} und Δ'_{AB} in Abb. 37 sind durch die Gl. (4.3) und (4.4) definiert,

$$\Delta_{AB} = W(A\text{–}B) - \frac{1}{2}\left[W(A\text{–}A) + W(B\text{–}B)\right] \qquad (4.3)$$

$$\Delta'_{AB} = W(A\text{–}B) - \left[W(A\text{–}A)\cdot W(B\text{–}B)\right]^{1/2} \qquad (4.4)$$

wobei $W(A\text{—}A)$ und $W(B\text{—}B)$ die Bildungsenergien der jeweiligen Moleküle bedeuten. Δ_{AB} ist offensichtlich gleich der halben Reaktionswärme der chemischen Reaktion

$$A\text{–}A + B\text{–}B \rightarrow 2\,A\text{–}B,$$

so daß die Hypothese von PAULING und HUGGINS bedeutet, daß diese Reaktion exotherm ist (solange die Regel des arithmetischen Mittels Gültigkeit hat).

Man findet nämlich empirisch, daß (Δ_{AB}) oder (Δ'_{AB}) durch das Quadrat der Differenz zweier für A und B charakteristischer Größen x_A und

---

[1] PAULING, L., u. J. SHERMAN konnten diese Hypothese durch einige Rechnungen an Einelektron-Modellsystemen stützen [J. Am. Chem. Soc. **59**, 1450 (1937)].

x_B ausgedrückt werden kann, so daß im allgemeinen gilt:

$$\varDelta_{AB} = 23\,(x_A - x_B)^2 \tag{4.5}$$

$$\varDelta'_{AB} = 30\,(x_A - x_B)^2 \tag{4.6}$$

Der in Gl. (4.5) dargestellte Ausdruck für $\varDelta_{AB}$ war der zuerst entwikkelte. Die Zahl 23 rührt daher, daß x_A und x_B auf die Skala in Einheiten des Elektronenvolts (1 e. V $\sim$ 23 kcal) bezogen wurde. Für die Größe $\varDelta'_{AB}$ führt eine entsprechende Zahl zu den gleichen x-Werten[1]. Man bezeichnet diese x-Werte als die *Elektronegativitäten* der Elemente. Teilt man einem Element einen willkürlichen Wert zu, wie 2,5 für Kohlenstoff,

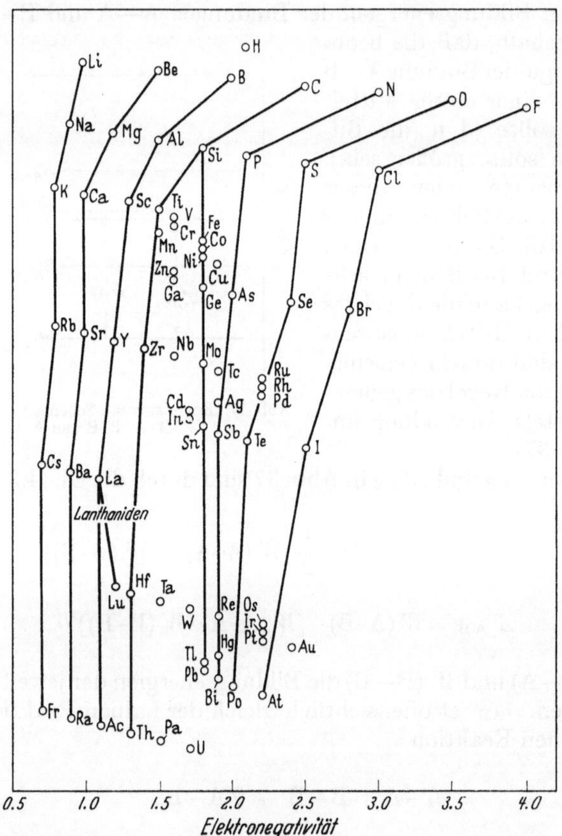

Abb. 38. Die Elektronegativitätswerte der Elemente nach PAULING

so lassen sich die Werte aller anderen Elemente ableiten. Die neuesten, von L. PAULING angegebenen Werte der Elektronegativitäten sind in der Tabelle 6 zusammengefaßt und in Abb. 38 graphisch dargestellt.

---

[1] L. PAULING: The Nature of the Chemical Band, 3. Edition, Chap. 3. Cornell University Press Ithaca, New York: 1960.

Das Argument, auf Grund dessen die Elektronegativitäten abgeleitet wurden, ist allerdings nicht notwendigerweise richtig, und daher mag die Bedeutung der x-Werte nicht ganz die von PAULING vorgeschlagene sein. T. L. COTTRELL und L. E. SUTTON[1] einerseits und A. C. HURLEY und J. E. LENNARD-JONES[2] andererseits haben durch Berechnungen an Zweielektronen-Modellsystemen gezeigt, daß unter gewissen Voraus-

Tabelle 6

Die Elektronegativitäten der Elemente (nach PAULING)

H
2,1

Li	Be	B											C	N	O	F
1,0	1,5	2,0											2,5	3,0	3,5	4,0
Na	Mg	Al											Si	P	S	Cl
0,9	1,2	1,5											1,8	2,1	2,5	3,0
K	Ca	Sc	Ti	V	Cr	Mn	Fe	Co	Ni	Cu	Zn	Ga	Ge	As	Se	Br
0,8	1,0	1,3	1,5	1,6	1,6	1,5	1,8	1,8	1,8	1,9	1,6	1,6	1,8	2,0	2,4	2,8
Rb	Sr	Y	Zr	Nb	Mo	Tc	Ru	Rh	Pd	Ag	Cd	In	Sn	Sb	Te	I
0,8	1,0	1,2	1,4	1,6	1,8	1,9	2,2	2,2	2,2	1,9	1,7	1,7	1,8	1,9	2,1	2,5
Cs	Ba	La–Lu	Hf	Ta	W	Re	Os	Ir	Pt	Au	Hg	Tl	Pb	Bi	Po	At
0,7	0,9	1,1–1,2	1,3	1,5	1,7	1,9	2,2	2,2	2,2	2,4	1,9	1,8	1,8	1,9	2,0	2,2
Fr	Ra	Ac	Th	Pa	U	Np–No										
0,7	0,9	1,1	1,3	1,5	1,7	1,3										

setzungen eine Beziehung zwischen Δ_{AB} und charakteristischen Eigenschaften von der obigen Form der Atome A und B aus den Veränderungen abgeleitet werden kann, die als Folge der Kernabstoßung im Molekül auftreten. Die Gesamtenergie einer Bindung kann als die Summe der Abstoßungsenergien zwischen den positiv geladenen Kernen, der Anziehungsenergie zwischen jedem der Kerne und den beiden Elektronen und der Abstoßungsenergie zwischen den Elektronen beschrieben werden. Die beiden letzten Terme können in einem bindenden Term C vereinigt werden, so daß, wenn a und β die Kernladungen bedeuten, die Gl. (4.7–4.9) gelten:

$$-W_{AA} = \frac{a^2}{r^2_{AA}} + C_{AA} \tag{4.7}$$

$$-W_{BB} = \frac{\beta^2}{r^2_{BB}} + C_{BB} \tag{4.8}$$

$$-W_{AB} = \frac{a \cdot \beta}{r^2_{AB}} + C_{AB} \tag{4.9}$$

Da in diesen Berechnungen C_{AB} das arithmetische Mittel von C_{AA} und C_{BB} zu sein scheint, ergibt sich unter der Annahme, daß Gl. (4.10) gilt,

$$r_{AB} = (r_{AA} \cdot r_{BB})^{1/2} \tag{4.10}$$

[1] COTTRELL, T. L., u. L. E. SUTTON: Proc. Soc. **207A**, 49 (1951).
[2] HURLEY, A. C., u. J. E. LENNARD-JONES: Proc. Roy. Aoc. **218A**, 333 (1953).

4*

Gl. (4.11):

$$\Delta_{AB} = W_{AA} - \frac{1}{2}(W_{AA} + W_{BB}) = \frac{1}{2}\left[\frac{\alpha}{r_{AA}^{1/2}} - \frac{\beta}{r_{BB}^{1/2}}\right]^2 \qquad (4.11)$$

Dieser Ausdruck für Δ_{AB}, der genau die Gestalt von PAULINGs empirischer Beziehung hat, entsteht also durch Änderungen der Kernabstoßung.

Da die Elektronegativität eines Atoms von der Kernladung abhängt, die für die Elektronen in der Valenzschale wirksam ist, behält der von PAULING seinen x-Werten gegebene Name seine Berechtigung.

Wenn auch die ursprüngliche Interpretation der Δ-Werte nicht ganz korrekt sein mag, so ist doch die empirische Beziehung ohne Zweifel sehr wertvoll. Sie zeigt einen der Hauptgründe für die chemische Reaktion, nämlich den, daß sich die Atome in der Weise anordnen, daß die größtmögliche Gesamtdifferenz der Elektronegativitäten zwischen gebundenen Paaren resultiert:

$$A\text{–}A + B\text{–}B \rightarrow 2\,A\text{–}B$$

Ein weiterer wichtiger Grund für den Ablauf einer chemischen Reaktion ist die Erzeugung einer erhöhten Valenz, wie z. B. in der Reaktion

$$PCl_3 + Cl_2 \rightarrow PCl_5$$

Ein dritter Grund ist die Erreichung einer Änderung der Bindungszahl, wie z. B. die Überführung einer Dreifachbindung zwischen Kohlenstoffatomen in Doppelbindungen oder Einfachbindungen bei der Hydrierung von Acetylen zu Äthylen oder Äthan. Der Übergang von Einfachbindungen zu Mehrfachbindungen wie beim Zerfall von H_2O_2 in Wasser und Sauerstoff oder der Spaltung einer Azoverbindung unter Abgabe von elementarem Stickstoff kann ebenfalls den Ablauf einer Reaktion verursachen.

Die Elektronegativitäten wurden unter der Annahme betrachtet, daß alle Bindungen A–A, B–B und A–B Einfachbindungen sind. Bei Elementen, die wie Stickstoff oder Sauerstoff Mehrfachbindungen besitzen, sind andere Verhältnisse zu berücksichtigen.

Es wäre notwendig, sich vorzustellen, daß die normalen Formen der Elemente in Formen mit Einfachbindungen übergeführt würden, z. B.

das Sauerstoffmolekül in $\begin{array}{c} O\text{—}O \\ | \quad\ | \\ O\text{—}O \end{array}$ oder das Stickstoffmolekül in $\begin{array}{c} \ \ \ N \\ N\text{—}N \\ \ \ \ N \end{array}$

Vernachlässigt man die Ringspannungen, dann können wieder die früheren Betrachtungen auf diese neuen Formen angewendet werden. Die für die Bildung solcher Formen mit Einfachbindungen aus den Elementen erforderliche Energie ist jedoch sehr groß, wie man aus thermochemischen Daten weiß. Verbindungen des Sauerstoffs und Stickstoffs können deshalb relativ zu den Elementen instabil sein wie z. B. in Cl_2O oder NCl_3. Die Destabilisierung beträgt 55.4 kcal/mol pro Stickstoffatom und 26.0

kcal/mol pro Sauerstoffatom und überwiegt in den beiden vorigen Fällen die Stabilisierung auf Grund der Elektronegativitätsunterschiede. Sind aber die Elektronegativitätsunterschiede genügend groß, wie z. B. in NF_3, H_2O oder H_3N, so sind die Verbindungen trotzdem beständig.

g) Dreidimensionale π-Bindung

In den früheren Betrachtungen über Resonanz in mehratomigen Molekülen war angenommen worden, daß die Moleküle normalerweise eben waren. Dies bedeutete, daß π-Orbitale ebenso frei kombiniert werden konnten wie σ-Orbitale. In dreidimensionalen Systemen jedoch, wie z. B. in tetraedrischen oder oktaedrischen Molekülen, ist der Unterschied zwischen σ- und π-Orbitalen von Wichtigkeit, da dann die Bildung von π-Bindungen durch die Symmetrie der d-Orbitale am Zentralatom und der p-Orbitale der Liganden eingeschränkt sein kann. Manchmal, wie z. B. im Fall der oktaedrischen Komplexe, sind die Verhältnisse einfach. Wie früher (S. 35) erklärt worden ist, sind die zur Bildung der sechs oktaedrischen, hybridisierten Orbitale benützten Funktionen d_{z^2}- und $d_{x^2-y^2}$-Orbitale. Dies läßt die d_{xy}-, die d_{xz}- und die d_{yz}-Orbitale unbenützt. Aus der in Abb. 5 (a–e) wiedergegebenen graphischen Darstellung dieser Orbitale wird es klar, daß diese drei Orbitale relativ zu den oktaedrischen σ-Bindungen π-ähnliche Symmetrie haben. Haben die Liganden deshalb Orbitale vom π-Typ zur Verfügung und ist auch die richtige Zahl von Elektronen, nämlich 6, vorhanden, so können zwischen dem Zentralatom und den Liganden drei π-Bindungen gebildet werden. Da jedoch alle sechs Liganden als Partner gleichwertig sind, können die drei momentanen π-Bindungen zwischen allen sechs Liganden Resonanz zeigen. Dies braucht allerdings nicht *immer* der Fall zu sein. KIMBALL[1] hat dieses Problem sehr eingehend untersucht.

KIMBALL unterscheidet zwischen zwei Arten von π-Bindungen: 1) jenen, die von Orbitalen des Zentralatoms gebildet werden, die ihrerseits wegen ihrer Symmetrie nicht zu der Hybridisierung verwendet werden können, die für die Bildung des in Betracht kommenden σ-Bindungssystems notwendig ist. 2) jenen, die von Orbitalen des Zentralatoms gebildet werden, die ihrerseits für solche Hybridisierungen in Frage kommen. Die ersteren nennt er „starke" π-Bindungen. Die letzteren nennt er „schwache" π-Bindungen. Die d-Orbitale sind wahrscheinlich für jeden Zweck (Fall 2) in einem gewissen Maß verwendbar und sie bilden deshalb keine so starken π-Bindungen als wenn sie ausschließlich zur Bildung von π-Bindungen (und nicht von σ-Bindungen) verwendet würden.

KIMBALL zeigte weiter, daß durch die d_{z^2}- und $d_{x^2-y^2}$- Orbitale zwei starke π-Bindungen gebildet werden können, wenn eine tetraedrische Anordnung von vier Liganden um ein Zentralatom vorhanden ist. Dabei sollen die vier σ-Bindungen durch hybridisierte sp^3-Orbitale gebildet werden. Sind die die Benutzbarkeit von π-Orbitalen an den Liganden betreffen-

---

[1] KIMBALL: J. Chem. Phys. **8**, 188 (1940).

den Bedingungen erfüllt, so lassen sich sechs Strukturen mit jeweils zwei π-Bindungen zu zwei Liganden formulieren, d. h. es besteht zwischen diesen Resonanz. Alle vier Bindungen haben einen gleichen Anteil an teilweiser Doppelbindung. Zusätzlich können von zweien der d_{xy}-, d_{yz}- und d_{xz}-Orbitale zwei schwache π-Bindungen gebildet werden. Diese Orbitale können jedoch auch mit dem s-Orbital zu tetraedrischen σ-Orbitalen kombiniert werden. Wie PILCHER und SKINNER bemerkt haben, würde eine solche Hybridisierung von Orbitalen aber nicht zu guten bindenden Hybriden führen (vgl. S. 35).

$$
\begin{array}{c}
O^+ \\
\mathbin{|||} \\
C \\
| \\
O\!=\!C\!=\!Ni\!=\!C\!=\!O \\
| \\
C \\
\mathbin{|||} \\
O^+
\end{array}
$$

Es ist deshalb auf dieser Grundlage der Symmetrie von Orbitalen möglich, daß im Sulfation die S—O-Bindungen wenigstens 1,5fach sind. Für Nickelcarbonyl mögen ähnliche Schlüsse gültig sein.

$$
\begin{array}{c}
O^- \\
| \\
{}^-O\!-\!S\!=\!O \\
\|\| \\
O
\end{array}
\;\leftrightarrow\;
\begin{array}{c}
O \\
\| \\
O\!=\!S\!-\!O^- \\
| \\
O^-
\end{array}
\;\leftrightarrow\;
\begin{array}{c}
O^- \\
| \\
O\!=\!S\!=\!O \\
| \\
O^-
\end{array}
\;\leftrightarrow\;
\begin{array}{c}
O \\
| \\
{}^-O\!-\!S\!-\!O^- \\
| \\
O
\end{array}
\;\leftrightarrow\;
\begin{array}{c}
O \\
\| \\
{}^-O\!-\!S\!=\!O \\
| \\
O^-
\end{array}
\;\leftrightarrow\;
$$

$$
\leftrightarrow\;
\begin{array}{c}
O^- \\
| \\
O\!=\!S\!-\!O^- \\
| \\
O
\end{array}
$$

In einer trigonal bipyramidalen Anordnung von fünf Liganden, wie z. B. in PCl_5, können unter Verwendung von hybridisierten dsp^3- oder sp^3d-Orbitalen für das σ-Bindungsgerüst nach KIMBALL zwei starke π-Bindungen gebildet werden. Diese sind nach seinen Diagrammen anscheinend entlang der trigonalen Achse angeordnet und daher mit Hilfe der d_{xz}- und d_{yz}-Funktionen gebildet. Zwei der anderen d-Funktionen, nämlich die $d_{x^2-y^2}$- und die d_{xy}-Funktion sind zur Bildung schwacher π-Bindungen befähigt. Die d_{z^2}-Funktion wird zur Bildung des σ-Bindungsgerüstes verwendet.

$$
\begin{array}{c}
Cl \quad Cl^+ \\
\diagdown\ \|\text{--} \\
P\!-\!Cl. \\
\diagup\ \| \\
Cl \quad Cl^+
\end{array}
$$

In einer quadratisch pyramidalen Anordnung kann eine starke π-Bindung in Richtung der tetragonalen Achse und eine zweite in Richtung einer der vier Bindungen nach der Basis gebildet werden. Als Beispiel sei JF_5 angeführt.

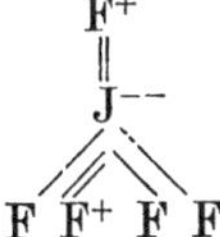

In oktaedrischen Anordnungen können, wie wir vorweggenommen haben, alle drei nicht im σ-Bindungsgerüst verwendeten d-Orbitale starke π-Bindungen zu geeigneten Liganden bilden.

Die genau gleichen allgemeinen Schlüsse ließen sich auch aus der MO-Behandlung ableiten.

5. *d*-Orbitale und chemische Bindung

a) Einführung

In Kapitel 3 sind die Grundzüge zweier in naher Beziehung stehender Theorien der gerichteten Valenz dargestellt worden. Die eine Theorie beruht auf der Grundlage der HLSP-Behandlung der Moleküle, die andere auf der MO-Behandlung. Beide Theorien wurden in den dreißiger Jahren unseres Jahrhunderts erstmals formuliert. Seit etwa 1950 werden sie einer kritischen Prüfung unterzogen.

Zunächst war die Frage, die jeder Generation immer wieder neu gestellt zu werden scheint, zu beantworten, nämlich in welchem Maße eine Theorie der gerichteten Valenz notwendig ist und inwieweit die Tatsachen der Stereochemie erklärt werden können, wenn die Moleküle lediglich als Ionenagglomerate mit Anziehungskräften zwischen zwei ungleich geladenen und Abstoßungskräften zwischen zwei gleichsinnig geladenen Ionen betrachtet werden.

Die Theorien der gerichteten Valenz schienen im allgemeinen qualitativ richtig zu sein; denn sie lieferten Erklärungen für die quadratisch ebene Anordnung der Liganden z.B. in $[Ni(CN)_4]^{2-}$ oder $[JCl_4]^-$, die trigonal bipyramidale Anordnung in PCl_5 (vgl. Abb. 39 a) oder die tetragonal pyramidale Anordnung in JF_5 (vgl. Abb. 39 b).

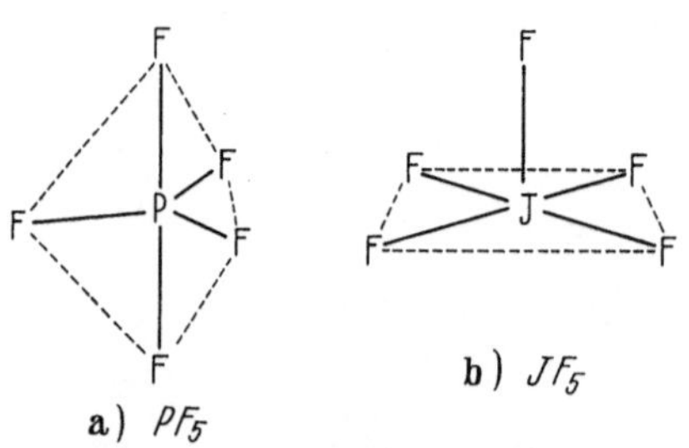

Abb. 39 a u. b. Strukturen von PF_5 und JF_5

Dagegen hat vor etwa 30 Jahren DEBYE ein einfaches ionisches Modell des Wassermoleküls betrachtet und geschlossen, daß, wenn die Polarisation des Zentralions O^{--} durch die äußeren Protonen H^+ in Betracht gezogen wird, dieses Molekül, in dem die Polarisierbarkeit von O^{--} viel größer ist als die von H^+, einen gewinkelten Bau haben sollte. Genau die gleichen Folgerungen gelten für SO_2 oder Diäthyläther. Ammoniak sollte aus ähnlichen Gründen uneben gebaut sein und ebenso Trimethylamin. Moleküle vom Typ AB_2, in denen die äußeren Ionen B stärker polarisierbar sind als das Zentralion A, wie z. B. CO_2 oder CS_2 sollten linear gebaut sein. Moleküle vom Typ AB_3, wie z. B. BCl_3 mit analogen Charakteristika sollten eben gebaut sein. Aber Cl_2O oder $Hg(C_2H_5)_2$, die gewinkelt bzw. linear gebaut sind, zeigen, daß diese einfache Behandlung des Problems unzulänglich ist. Man muß deshalb zum Schluß kommen, daß die Valenz in solchen Fällen gerichtet ist. Die in Kapitel 3 dargestellten Theorien scheinen qualitativ geeignet zu sein, die obigen Tatsachen zu erklären.

Werden jedoch Versuche gemacht, die Theorie quantitativ zu entwickeln, so ergeben sich viele Schwierigkeiten. Die Theorie ist von diesem Gesichtspunkt aus noch immer nicht befriedigend. Bei den Arbeiten an diesen Problemen schälten sich jedoch eine ganze Anzahl wichtiger Punkte heraus, die von allgemeinem Interesse sind und von denen im folgenden einige ausführlicher dargelegt werden sollen.

b) Bindungsstärke

Die im vorigen Abschnitt gemachten Ausführungen zeigen, daß die Theorie der Orbitalhybridisierung, die den Kern der HLSP-Behandlung der Stereochemie bildet, auch weiterhin von Wichtigkeit ist. Eine der grundlegenden Vorstellungen dieser Theorie war es, daß Hybridisierung und die daraus resultierende Stereochemie auftreten, weil dadurch stärkere Bindungen zustande kommen. Es war deshalb eine wichtige Aufgabe, die relativen Bindungsstärken der Orbitale abzuschätzen.

PAULING schlägt ein sehr einfaches Kriterium vor. Er läßt einen möglichen Einfluß der $R(r)$-Funktionen unberücksichtigt und nimmt an, daß nur der Einfluß der $\Theta\Phi$-Funktionen zu beachten ist und dieser aus der maximalen Entfernung der Funktion vom Atomkern, d. h. von ihrem Zentrum, geschätzt werden kann. Die Werte für diese maximalen Entfernungen, die in Tabelle 7 wiedergegeben sind, nannte er Orbital-Bin-

Tabelle 7

Orbitalbindungsstärken (nach PAULING)

s	1
p	1,73
sp_2	1,93
sp^2	1,99
sp^3	2,0
dsp^2	2,69
d^2sp^3	2,923

dungsstärken. Aus Berechnungen über die Bindung durch ein Elektron zwischen Atomen mit verschiedenen solcher Orbitale zog er den weiteren Schluß[1], daß die Bindungsstärke dem Produkt der Orbital-Bindungsstärken proportional ist. So ist die Bindungsstärke W (A—B) zwischen zwei Atomen A und B mit Orbitalen der Bindungsstärken s_A und s_B dem Produkt $s_A \cdot s_B$ proportional. Benutzen A und B die gleichen Orbitale wie in den Molekülen A—A und B—B, wo die Bindungsstärken W (A—A) und W (B—B) durch die Gl. (5.1) und (5.2) gegeben sind,

$$W\,(\text{A—A}) = k \cdot s_A^2 \tag{5.1}$$

$$W\,(\text{B—B}) = k \cdot s_B^2 \tag{5.2}$$

so ergibt sich für die Bindungsstärke W (A—B) Gl. (5.3)

---

[1] L. PAULING: The Nature of the Chemical Bond, 3. Edition, Chap. 4. Cornell University New York: Press Ithaca 1960.

$$W\,(\text{A–B}) = k \cdot s_\text{A} \cdot s_\text{B} = \sqrt{k^2 s_\text{A}{}^2 \cdot s_\text{B}{}^2} = \sqrt{W(\text{A–A}) \cdot W\,(\text{B–B})} \qquad (5.3)$$

Das ist die früher erwähnte Regel vom geometrischen Mittel der Bindungsstärken.

Aus diesen Vorstellungen und Werten könnte man folgern, daß Hybridisierung die Stärke jeder individuellen Bindung in der in Tabelle 7 gegebenen Reihenfolge vergrößert und dadurch eine Erklärung findet.

Dieser Schluß wurde aber durch eine näherungsweise Abschätzung der Bindungsstärken, nämlich die Ermittlung der früher erwähnten Überlappungsintegrale (Kap. 2, S. 17),

$$S = \int \psi_\text{A}\,\psi_\text{B}\,d\tau$$

in Zweifel gezogen. Solche Untersuchungen wurden von MULLIKEN[1] und MACCOLL[2] für die relativen Bindungsstärken der Kohlenstoff-Wasserstoff-Bindungen in $HC{\equiv}CH$, $H_2C{=}CH_2$ und CH_4 unter der Annahme, daß die Orbitale des Kohlenstoffs sp-, sp^2- bzw. sp^3-Orbitale sind, durchgeführt. Die Autoren verglichen diese mit Bindungen, die von $2p$- und $2s$-Orbitalen des Kohlenstoffs gebildet werden, wobei die Orbitale des Wasserstoffs immer $1s$-Funktionen sind und die Kernabstände den beobachteten Werten entsprechen. Sie fanden die in Tabelle 8 zusammengefaßten, sich von den ebenfalls tabellierten Werten PAULINGS deutlich unterscheidenden Bindungsstärken. Für die drei erwähnten Kohlenwas-

Tabelle 8

Relative Bindungsstärken in C—H-Bindungen

	$2s2p$-$1s$	$2s2p^2$-$1s$	$2s2p^3$-$1s$	$2s$-$1s$	$2p$-$1s$
MACCOLL	0,76	0,74	0,72	0,59	0,49
PAULING	1,93	1,99	2,00	1,00	1,73

serstoffe scheint die sich aus Orbitalüberlappungs-Rechnungen ergebende Reihenfolge die bessere Übereinstimmung mit den Dissoziationswärmen der C—H-Bindungen zu liefern. Andere Überlappungsrechnungen haben CRAIG et. al.[3] für die Überlappung von $3s3p^3$- und $3s3p^33d^2$-Orbitalen mit $3p$-Orbitalen unter der gleichen Annahme, die auch PAULING machte, daß nämlich die $R(r)$-Funktionen im wesentlichen die gleichen sind, durchgeführt. In gleicher Weise untersuchten sie auch die Überlappungen von $3d^24s4p^3$- und $3d4s4p^2$- mit $3p\sigma$-Orbitalen für verschiedene Kernabstände. Aus ihren Berechnungen scheint hervorzugehen, daß das Verhältnis der Bindungsstärken oktaedrisch/tetraedrisch nur ungefähr 1,1/1 bis 1,2/1 und das Verhältnis oktaedrisch/quadratisch eben fast 1/1 beträgt, während für diese Verhältnisse nach PAULINGS Kriterien die Werte 1,46/1 bzw. 1,08/1 zu erwarten wären.

Ein allgemeingültiger Schluß steht fest: Die Hybridisierung verbessert die Überlappung (wie sie das Überlappungsintegral ergibt) und daher die

[1] R. S. MULLIKEN, C. A. RIEKE, D. ORLOFF u. H. ORLOFF: J. Chem. Phys. **17**, 510 (1949).

[2] A. MACCOLL: Trans. Farad. Soc. **46**, 369 (1950).

[3] D. P. CRAIG A. MACCOLL, R. S. NYHOLM, L. E. ORGEL u. L.E.SUTTON: Journ. Chem. Soc. **1954**, 332.

Bindung (z. B. sp, sp^2, sp^3 verglichen mit s und p), aber der Übergang von beispielsweise tetraedrischer zu oktaedrischer Bindung scheint mehr durch die Zunahme in der Zahl der Bindungen als durch die Vergrößerung der einzelnen Bindungsstärken begünstigt zu werden.

Aus weiteren Überlappungsrechnungen ging eindeutig hervor, daß der radiale Teil einer Wellenfunktion bei der Diskussion der Hybridisierung nicht vernachlässigt werden konnte und für die d-Orbitale besonders wichtig wird. Wenn die Hybridisierung zu einer verbesserten Überlappung führen soll, muß diese im allgemeinen zwischen zwei Orbitalen eines Zentralatoms erfolgen, deren Größe vergleichbar ist, sonst wird die Elektronenverteilung zwischen diesem Zentralatom und einem Ligandatom nicht in brauchbarem Maß (vgl. Abb. 40 b) verändert. So können

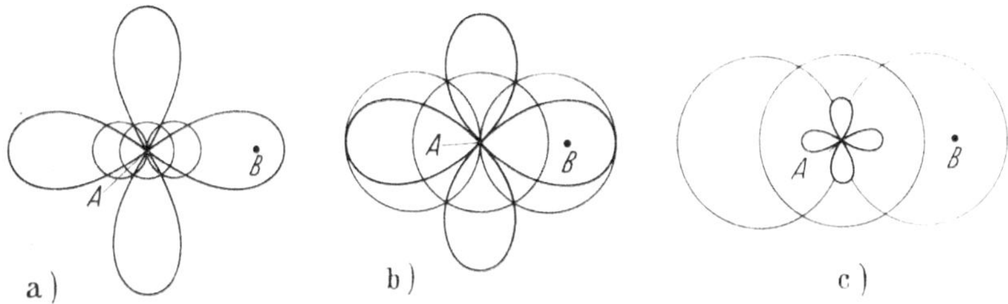

Abb. 40 a–c. Die Hybridisierungsmöglichkeiten von s-, p- und d-Orbitalen (nur bei b ist Hybridisierung möglich)

$2s$- und $2p$-Orbitale in nützlicher Weise hybridisieren, nicht aber $3s$- und $2p$- oder $2s$- und $3p$-Orbitale. Die Kombination kleiner s- und p-Funktionen mit einer sehr großen d-Funktion oder umgekehrt dient keinem brauchbaren Zweck wie man aus Abb. 40 a und 40 c leicht sehen kann.

c) Die Bedeutung der $R(r)$-Funktion in der Bindung

Eine grobe Schätzung der relativen Größen von Orbitalen erlauben die Slater-Radialfunktionen. Sie sind einfacher und leichter zu gebrauchen als die korrekten radialen Wellenfunktionen, da sie keine mehrtermigen Funktionen darstellen. Sie stimmen aber trotzdem in den äußeren Gebieten des Atoms verhältnismäßig gut mit den Wellenfunktionen überein. Ihre Form ist in Gl. (5.4)

$$R(r) = r^n \cdot e^{\alpha r} \tag{5.4}$$

wiedergegeben. Die Parameter n und a werden aus den Spektren isolierter Atome erhalten. Die Funktionen erreichen ihren maximalen Wert, wenn $r_m = n/a$ ist. Nach dem früher gesagten bedeutet dies, daß Funktionen nur dann in brauchbarer Weise hybridisiert werden können, wenn ihre r_m-Werte nicht sehr verschieden sind.

Für Nickel mit der Elektronenkonfiguration $3d^9 4s$ führen die Slater-Regeln zu:
$$r_m\,(3d) = 0{,}66\,\text{Å}$$
$$r_m\,(4s, 4p) = 1{,}96\,\text{Å}$$

Die $3d$-Orbitale scheinen demnach für eine nützliche Hybridisierung zu klein zu sein. Dagegen scheinen sie für sechswertigen Schwefel mit der Elektronenkonfiguration $3s3p^23d^2$ und den Werten

$$r_m\,(3d) = 2{,}88\,\text{Å} \qquad\qquad r_m\,(3s,3p) = 0{,}77\,\text{Å}$$

für eine brauchbare Hybridisierung zu groß zu sein.

Die Diskrepanz ist im Falle des Nickels nicht real. Sie kommt dadurch zustande, daß die Slater-Regeln den $3d$-Elektronen eine zu große Abschirmfähigkeit zuteilen und damit an den $4s$- und $4p$-Elektronen ein zu geringes Kernfeld entstehen lassen. Bessere Wellenfunktionen zeigen, daß die $R(r)$-Funktionen für die Übergangsmetalle tatsächlich beinahe die gleiche Größe haben und deshalb die Hybridisierung der Orbitale von Nutzen sein kann.

Im freien Schwefelatom scheint es aber außer Zweifel, daß die Diskrepanz und deshalb die Schwierigkeiten echt sind. Das gleiche gilt für Phosphor. Berechnungen der Integrale für die Überlappung von entweder Schwefel oder Phosphor mit einem anderen Atom bestätigen, daß die Annahme von Hybridisierung unter Beteiligung von $3d$-Orbitalen nicht zu brauchbaren Ergebnissen führt.

In PCl_5 beispielsweise können die einzelnen Überlappungsintegrale der $3s$-, $3p$- oder $3d_{z^2}$-Orbitale des Phosphors mit dem $3p_z$-Orbital des Chlors miteinander verglichen werden. Man findet, mit wahrscheinlichen Werten für die Atom-Parameter, daß die Überlappungsintegrale für die ersten beiden Kombinationen gut sind, das Integral für den dritten Fall aber schlecht ist. Dies ist eine Umschreibung der Tatsache, daß Hybridisierung mit d-Orbitalen unfruchtbar wäre; denn die aus einer Hybridisierung resultierenden Überlappungen sind – mit geeigneten Gewichtsfaktoren – aus den Überlappungen der teilnehmenden Orbitale zusammengesetzt. Das d-Orbital des Phosphors ist dafür viel zu groß. Dasselbe ist auch der Fall in SF_6.

Wir müssen also den Begriff der Hybridisierung unter Beteiligung von d-Orbitalen in solchen Fällen aufgeben oder die Diskrepanz irgendwie „wegerklären". PAULING nimmt an, daß in den Fluoriden PF_5 und SF_6 ein oder zwei Liganden abionisiert sind (vgl. Abb. 41 a, b), so daß nur vier „momentane" kovalente Bindungen gebildet werden[1]. Diese sollen zwischen allen fünf bzw. sechs Positionen Resonanz zeigen und damit gleichwertige Bindungen ergeben. Die vier „momentanen" kovalenten Bindungen könnten ausschließlich durch die Hybridisierung von s- und p-Orbitalen entstehen. Eine solche Behandlung scheint aber die mühevoll entwickelte Interpretation der Stereochemie aufzugeben. Zwar könnten wir sagen, daß die Anordnung der Liganden in PF_5 oder in SF_6 von hoher

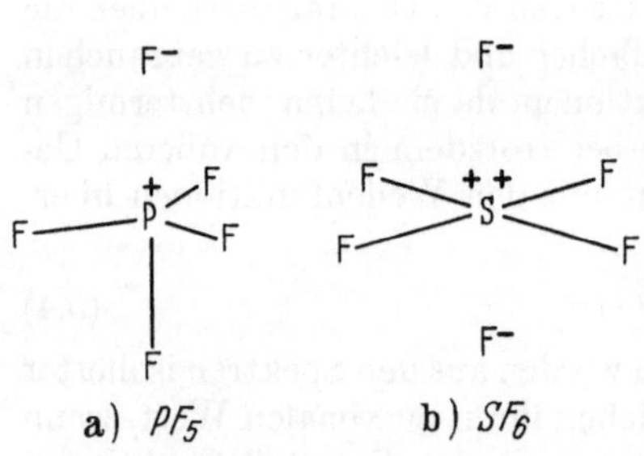

Abb. 41. Eine der Resonanzstrukturen von PF_5 und SF_6 nach PAULING

---

[1] L. PAULING: Op. cit. (Anm. S. 57) S. 145.

Symmetrie ist und aus Zentralkräften, d. h. ungerichteten Kräften zwischen jeweiligen Atompaaren resultieren. Aber die niedrigen Symmetrien von SF_4 (Abb. 42 a), die entweder C_{2v} oder C_{4v} ist, von JF_5 (Abb. 39 b) – mit der Symmetrie C_{4v} anstatt D_{3h} – und von ClF_3 (Abb. 42 b) – mit der Symmetrie C_{2v} anstelle von D_{3h} – deuten doch darauf hin, daß die Valenz gerichtet ist. Auch wenn wir sagen – was wir tun können –, daß ein freies Elektronenpaar einen ähnlichen Raumbedarf wie ein bindendes Elektronenpaar hat, müssen wir erklären, weshalb die Elektronenpaare,

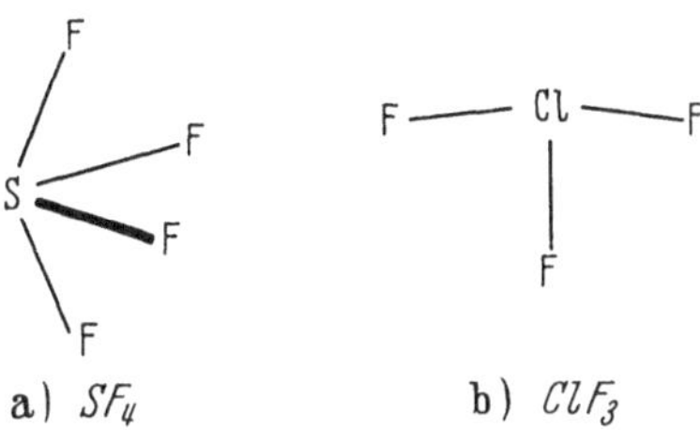

Abb. 42 a u. b. Strukturformeln für SF_4 und ClF_3

gleichgültig, ob sie an der Bindung beteiligt sind oder nicht, gerichtet sind. Es scheint deshalb immer noch die Annahme notwendig, daß die *d*-Orbitale an der Hybridisierung beteiligt sind.

Eine von CRAIG, MACCOLL, ORGEL, NYHOLM und SUTTON[1] vorgeschlagene Erklärung der Diskrepanz besagt, daß bei genügend polarem Charakter in den ZX-Bindungen durch die negativen X-Ionen und die positiven Z-Ionen ein Feld hervorgerufen wird, das auf alle Orbitale, oder richtiger gesagt auf die individuellen, diesen Orbitalen entsprechenden Elektronenwolken des Zentralatoms wirkt und sie veranlaßt zu schrumpfen. Sie hat eine besonders große Wirkung auf die d_{z^2}- und die $d_{x^2-y^2}$-Orbitale, die gegenüber den anderen *d*-Orbitalen stärker polarisierbar sind. Dies bedeutet, daß diese beiden Orbitale von dem Feld stärker beeinflußt werden. So kann die Polarität der Bindungen die 3*s*-, 3*p*- und 3*d*-Orbitale bezüglich der Größe verändern und damit die Hybridisierung ermöglichen. Dies ist für SF_6 in Abb. 43 gezeigt.

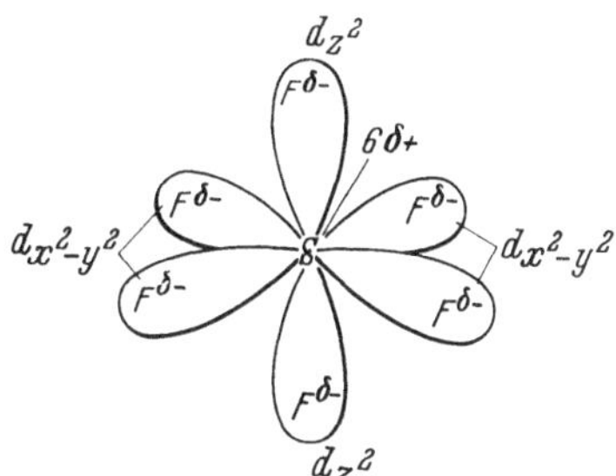

Abb. 43. Die Orbitallappen der überlagerten d_{z^2}- und $d_{x^2-y^2}$-Funktionen, relativ zu den Ligandatomen in SF_6

Nach dieser Hypothese sollten wir erwarten, daß der 5., 6. und 7. Hauptgruppe angehörende Elemente der zweiten und höheren Perioden mit höherer Wertigkeit nur mit Elementen von hoher Elektronegativität (besonders mit Fluor, Sauerstoff und Chlor) Verbindungen bilden, die durch gerichtete Bindungen deutlich kovalenten Charakter anzeigen. Dies steht mit der Erfahrung in Übereinstimmung.

d) *d*-Orbitale in π-Bindungen

α) Allgemeines. Bevor wir diese allgemeinen Schlüsse anwenden, um bekannte Tatsachen zu verstehen, ist es wünschenswert, die Bedeutung der Orbitalgröße für die π-Bindung zu studieren.

---

[1] D. P. CRAIG, A. MACCOLL, R. S. NYHOLM, L. E. ORGEL u. L. E. SUTTON: Journ. Chem. Soc. **1954**, 332.

Aus dem früher Gesagten sind zwei Typen von π-Bindungen, an denen d_π-Orbitale beteiligt sind, möglich.

Es ist nämlich π-Bindung möglich:

1) zwischen einem d_π- und einem p_π-Orbital
2) zwischen zwei d_π-Orbitalen.

Im Fall 1), wo nur ein Atom ein d_π-Orbital verwendet, kann dieses der gleichen Schale angehören wie die Orbitale dieses Atoms, die die σ-Bindung bilden (wie z. B. in S). Es kann auch der vorletzten Schale angehören (wie in Fe). Im Fall 2), wo beide Atome d_π-Orbitale benützen, können entweder beide aus den letzten Schalen der Atome stammen (wie in $S^\pi S$), oder eines kann der letzten und das andere der vorletzten Schale angehören (wie in S^πFe). Beide Orbitale können schließlich aus den vorletzten Schalen kommen (wie in Fe^πFe).

β) d_π-p_π-Bindungen. Um die Wichtigkeit von d_π-p_π-Bindungen abzuschätzen, wurden Überlappungsrechnungen angestellt. Sie führten zu interessanten Ergebnissen. Aus wahrscheinlichen Werten der Exponenten a in den Slater-Funktionen scheint es sich zu ergeben, daß die Überlappung zwischen einem $3d_\pi$-Orbital eines Übergangsmetalls und einem $2p_\pi$-Orbital eines Kohlenstoffatoms z. B. in CN⁻ mit der $2p_\pi$-$2p_\pi$-Überlappung in $\rangle$C=O vergleichbar ist. Wie wir früher gesehen haben, können in oktaedrischen Komplexen drei solche Überlappungen, drei solche π-Bindungen, entstehen.

In quadratisch-ebenen Komplexen können, wenn die z-Achse auf der Ebene senkrecht stehen soll, die d_{xz}- und d_{yz}-Orbitale solche π-Bindungen mit p_π-Orbitalen der Liganden im rechten Winkel ausbilden, wenn die Liganden dazu geeignet sind. In einer Verbindung MX_2Y_2, wo X π-Bindungen bilden kann, nicht aber Y, weil die ersteren Liganden π-Orbitale zur Verfügung haben, die letzteren aber nicht, würde die cis-Form stabiler sein als die trans-Form. Denn in der cis-Form können zwei unabhängige π-Bindungen, in der trans-Form jedoch nur eine gebildet werden.

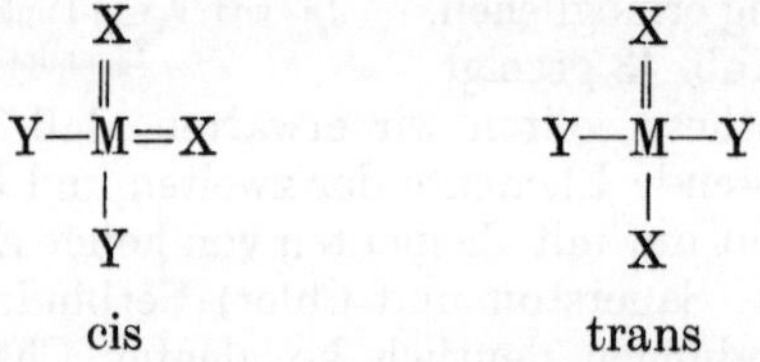

Die Hybridisierung der d_{xz}- und d_{yz}-Orbitale mit einem p_z-Orbital des Zentralatoms würde zu einer besseren Überlappung führen. Wie durch die Hybridisierung von s- und p-Orbitalen für σ-Bindungen, ist es auch hier möglich, eine neue trigonale Gruppe von π-Orbitalen zu bilden. Dies ist in Abb. 44 (a–f) illustriert. Abb. 44 a, b, c zeigen, wie zwei p_π-d_π-Hybridfunktionen aus einem p_z- und einem d_{xz}-Orbital gebildet werden können. Alle Funktionen sind dabei in Richtung der y-Achse gesehen. Abb. 44 d zeigt die s-, p_x- und p_y-Orbitale, in Richtung der z-Achse gesehen, die wie in Abb. 25 gezeigt worden war, eine trigonale Gruppe von hybridisierten σ-Orbitalen ergeben. Abb. 44 e, f zeigen die Orbitallappen einer p_z-, einer d_{xz}- und einer d_{yz}-Funktion oberhalb bzw. unterhalb der Knotenebene, gesehen in Richtung der z-Achse. Aus der Analogie zwi-

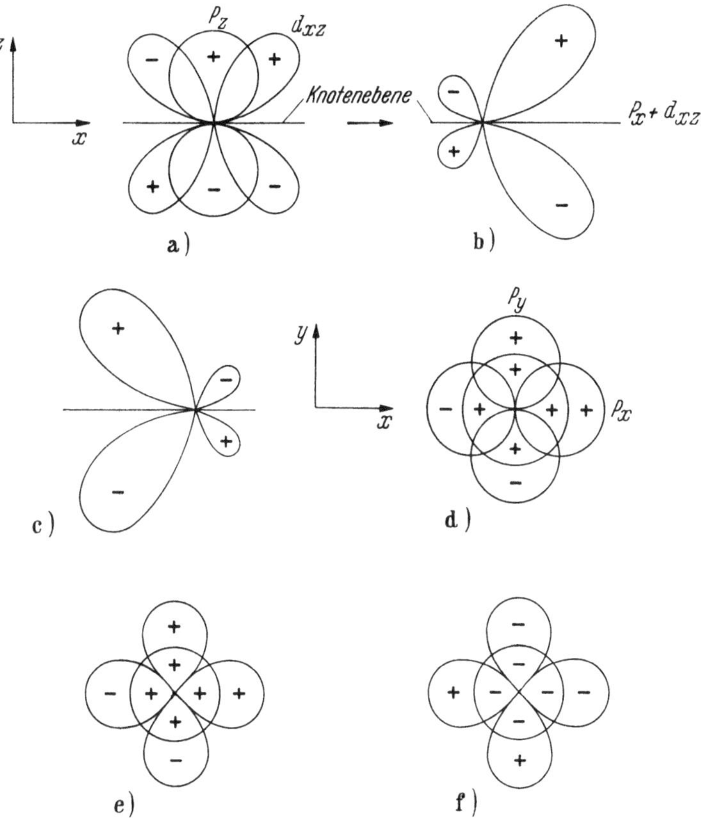

Abb. 44 a–f. Die Hybridisierung von $p\pi$- und $d\pi$-Orbitalen, a) die isolierten $p\pi$- und $d\pi$-Orbitale, b) die hybridisierte Funktion $(p_z + d_{xz})$, c) die hybridisierte Funktion $(p_z\text{-}d_{xz})$, [a), b) und c) sind alle in Richtung der y-Achse gesehen], d) die isolierten s-, p_x- und p_y-Funktionen, e) die isolierten p_z-, d_{xz}- und d_{yz}-Funktionen oberhalb der xy-Ebene, f) die isolierten p_z-, d_{xz}- und d_{yz}-Funktionen unterhalb der xy-Ebene [d), e) und f) sind alle in Richtung der z-Achse gesehen]

schen der sp^2- und der pd^2-Gruppe kann man einsehen, daß auch die letztere drei äquivalente Funktionen eines ähnlichen Typs, wie in Abb. 44b gezeigt, ergibt. Dies ist z. B. der Fall in SO_3.

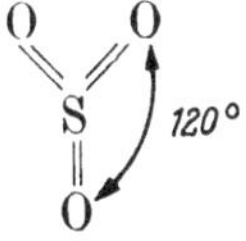

Aber schon wenn nur ein kleiner Teil der p_π-Funktion mit jeder d_π-Funktion gemischt ist, wird die Überlappung beträchtlich vergrößert.

Der Winkel zwischen den Orbitalen ist dann nur wenig größer als 90°. (Das Wassermolekül bietet ein analoges Beispiel für die σ-Bindung.)

Wie früher auseinandergesetzt wurde, wird die $d_{x^2-y^2}$-Funktion dazu benützt, die vier σ-Hybridorbitale zu bilden. Das d_{z^2}-Orbital nimmt nicht an der Bindung teil.

Wir haben nun noch die d_{xy}-Funktion zu betrachten. Da sie gegenüber der $d_{x^2-y^2}$-Funktion um 45° gedreht ist, könnte sie mit einem Liganden eine π-Bindung bilden, deren Ebene senkrecht zu jener einer π-Bindung steht, die entweder mit der d_{xz}- oder der d_{yz}-Funktion gebildet wird. Dies wäre aber nur mit einem Liganden wie CN⁻ oder CO möglich, der die nötigen Orbitale zur Verfügung hat. Ein Ligand wie Pyridin, der nur in einer Richtung eine Gruppe von p-Orbitalen hat, könnte entweder mit der d_{xy}- bzw. d_{yz}- oder der d_{xz}-Funktion eine π-Bindung bilden, nicht aber mit zweien. Dies ist in Abb. 45 gezeigt. In all diesen Fällen gehört das

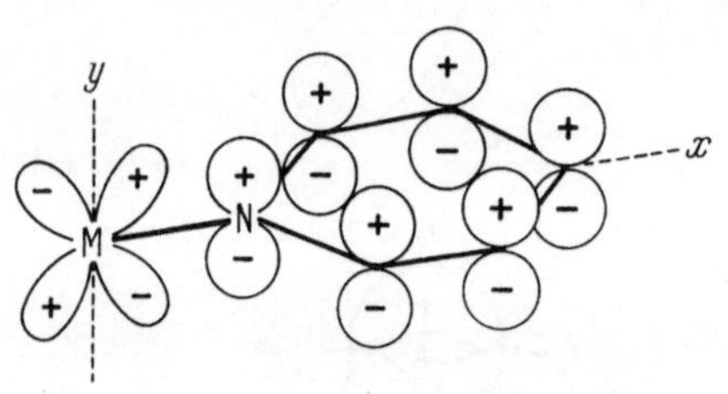

Abb. 45. Die Beziehung zwischen einem *d*-Orbital eines Metallatoms und dem $p\pi$-Orbitalsystem eines Pyridinmoleküls

betrachtete d_π-Orbital der vorletzten Schale des Zentralatoms an.

Gehört das d_π-Orbital nun der äußersten Schale an, so ist sein Exponent kleiner als der Exponent a eines *d*-Orbitals der vorletzten Schale. Das äußere *d*-Orbital ist diffuser. Nichtsdestoweniger ergeben die Überlappungsintegrale beträchtliche Werte und zeigen deshalb, daß die π-Bindung zwischen einem d_π- und einem p_π-Orbital in solchen Fällen von

Bedeutung sein kann, z. B. in $\rangle$S=O und in $\rightarrow$P=O.

Tatsächlich ist der Wert des Überlappungsintegrals für einen bestimmten Kernabstand ein Maximum, wenn der Exponent für das d_π-Orbital kleiner ist als der für das p_π-Orbital, d. h. wenn das erstere diffuser ist als das letztere. Dies hat einen interessanten Grund. Zwei σ-Funktionen oder zwei p_π-Funktionen neigen dazu, *zwischen* den Kernen zu überlappen und die Überlappung erreicht ihren maximalen Wert, wenn die Exponenten ungefähr gleich groß sind (vgl. Abb. 11 und 13). Die Überlappung zwischen einem d_π- und einem p_π-Orbital dagegen neigt dazu, ein Maximum zu sein, wenn die Lappen des ersteren nahezu oberhalb und unterhalb des zweiten Atoms zu liegen kommen, d.h. wenn das d_π-Orbital diffuser als das p_π-Orbital ist. Vergleiche hierzu Abb. 46.

Abb. 46. Überlappung eines $p\pi$-Orbitals mit $d\pi$-Orbitalen verschiedener Größe bei gleichem Kernabstand

Weiter ist die σ-Bindung in vielen aktuellen Fällen eine Donor-Bindung von dem Atom mit dem d_π-Orbital zum anderen. Die Ausbildung der Bindung führt deshalb zu einer formalen positiven Ladung am ersten

Atom und zu einer negativen Ladung am zweiten. Dadurch wird das d_π-Orbital des ersten Atoms etwas schrumpfen, während sich das p_π-Orbital des zweiten Atoms etwas ausdehnt, wodurch die Übereinstimmung bezüglich der Größe der Orbitale verbessert werden kann.

Die Symmetrieeigenschaften der d_{z^2}- und der $d_{x^2-y^2}$-Funktionen erlauben die Bildung zweier solcher π-Bindungen, wie es z. B. in SO_4^{--}, in SiF_4 oder $SiCl_4$ der Fall ist (vgl. S. 54). Die anderen drei *d*-Funktionen (d_{xy}, d_{yz} und d_{xz}) können mit den sp^3-Funktionen hybridisieren und modifizierte, wahrscheinlich bessere tetraedrische Funktionen geben. Ladungen aus Donor-Bindungen oder aus teilweise ionischen Bindungen können wieder dazu beitragen, daß die Orbitalgrößen besser übereinstimmen.

γ) d_π-d_π-**Bindung** zwischen Atomen, deren in Frage kommende d_π-Orbitale beide der äußersten Schale angehören, z. B. zwischen S—S oder P—P sind wahrscheinlich nicht sehr wichtig, da die Überlappung zwar beträchtlich sein mag, die dieser Überlappung entsprechende Elektronenverteilung aber diffus und die Elektronendichte in Gebieten nahe am Kern nicht groß ist. Daher würde diese Überlappung nicht zu einer starken Bindung führen können. Aus unserer Diskussion der *d*-Orbitale in σ-Bindungen scheint ihre Beteiligung auch in solchen Bindungen wie zwischen S—S und P—P nicht von Bedeutung zu sein. Diese Schlüsse sind jedoch nicht immer streng gültig, wenn stark elektronegative Gruppen mit S oder P verbunden sind, wie z. B. in den Verbindungen

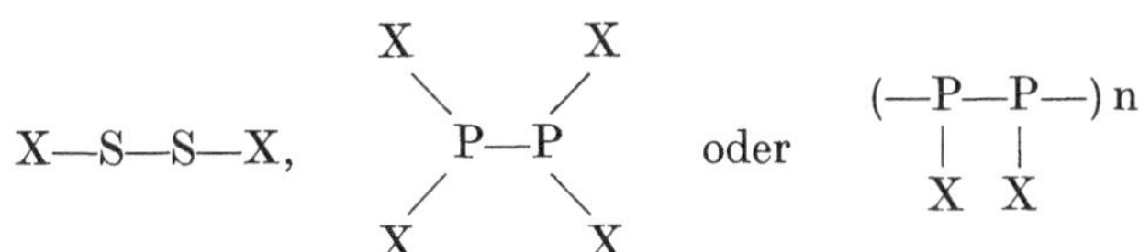

in denen S und P niedrige Oxydationszahlen haben. Solche Gruppen könnten die *d*-Orbitale an den S- oder P-Atomen kontrahieren. MULLIKEN hat schon bemerkt, daß tatsächlich die größere Bindungsstärke zwischen Atomen der Elemente der 2. Periode gegenüber denen der ersten Periode auf *d*-Hybridisierung zurückzuführen ist.

Die d_π-d_π-Bindung zwischen zwei Atomen kann sogar sehr wichtig werden, wenn das d_π-Orbital des einen Atoms der vorletzten Schale angehört, während das *d*-Orbital des anderen Atoms aus der äußersten Schale stammt. Solche Bindungen sind von CHATT in Verbindungen wie

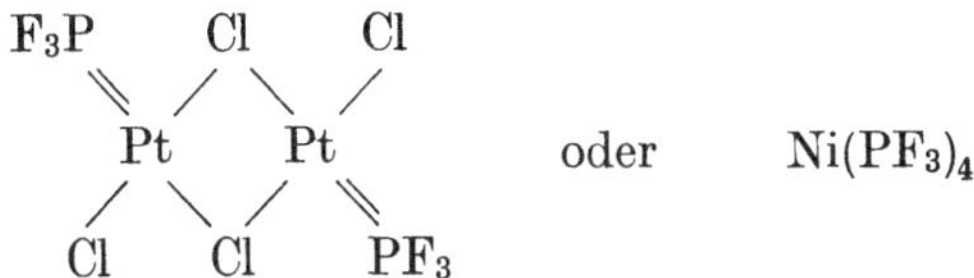

vorgeschlagen worden. In diesen kann der Phosphor eine σ-Bindung zum Platin- bzw. Nickelatom ausbilden, die ihrerseits eine π-Bindung zum Phosphor, der ein leeres d_π-Orbital zur Verfügung hat, herstellen. Die eine Bindung verursacht eine Ladungsverschiebung in der einen Richtung, die andere eine solche in der entgegengesetzten Richtung. Dies begünstigt sich gegenseitig und ergibt schließlich eine Doppelbindung. Dabei braucht die Ladungsverschiebung in der σ-Donor-Bindung nicht gleich der Ladungsverschiebung durch die π-Bindung in der entgegengesetzten Richtung sein.

Die Ausbildung solcher Doppelbindungen findet wahrscheinlich nur dann statt, wenn ein Atom ein Übergangsmetall ist, denn nur in solchen Fällen ist der Exponent wahrscheinlich genügend groß (und das Orbital klein genug), daß die Überlappung genügend nahe an den Kernen konzentriert ist. Eine genaue Übereinstimmung der Orbitale ist dabei nicht notwendig.

Eine andere mögliche Bindungsart unter Beteiligung von d-Orbitalen ist die d_{z^2}-d_{z^2}-Bindung. Sie stellt eine Art σ-Bindung dar. Wahrscheinlich ist sie aber weniger wichtig als gewöhnliche σ- oder π-Bindungen.

Eine δ-Bindung zwischen zwei Atomen (vgl. Abb. 15) führt nur zu geringen Überlappungen, und dies auch nur bei relativ kleinen Kernabständen, und es scheint unwahrscheinlich zu sein, daß sie zwischen Atomen wichtig sind.

e) Hybridisierung mit f-Orbitalen

Wir haben bisher die Möglichkeiten der Hybridisierung zwischen s-, p- und d-Orbitalen betrachtet. Wir müssen aber in diesem Zusammenhang, wenigstens im Prinzip, auch noch die Hybridisierung mit anderen Orbitaltypen, wie f-Orbitalen diskutieren. Wie früher sind für die Hybridisierung wieder die leitenden Prinzipien bestimmend: 1) die Orbitale müssen in ihren Symmetrieeigenschaften und in ihrer Größe genügend Übereinstimmung aufweisen und 2) die Hybridisierung führt zur Verstärkung der einzelnen Bindungen oder evtl. zu einer Vergrößerung der Anzahl von Bindungen.

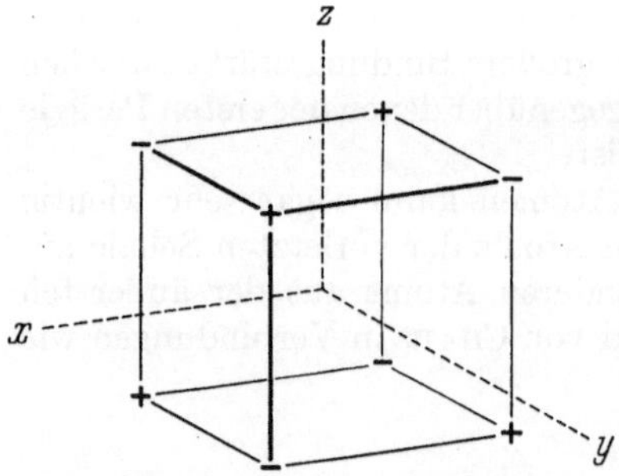

Die $\Theta\Phi$-Funktion eines f-Orbitals hat acht Orbitallappen, deren Vorzeichen sich wie in Abb. 47 gezeigt ändern und ihm so eine ungerade Symmetrie erteilen. Aus der Abbildung kann man leicht erkennen, daß die Addition dieser Funktion zu einer Gruppe tetraedrischer Orbitale, die mit den positiven Lappen nach den Tetraederachsen ausgerichtet sind, die Funktionen verbessert.

Abb. 47. Diagramm, das die Vorzeichen der Lappen der $\Theta\Phi$-Funktion eines f-Orbitals zeigt

PAULING[1] schätzt, daß tetraedrische Orbitale insgesamt 6% d- und f-Charakter haben und dies eine beträchtliche Verbesserung der Bindungsenergie bewirken kann. Seine Berechnungen beruhen jedoch auf

---

[1] L. PAULING: The Nature of the Chemical Bond. 3. Edition, Chap. 4 and 5. New York: 1960. Cornell University Press Ithaca

der Annahme, daß Unterschiede zwischen den radialen Funktionen vernachlässigt werden können.

Aus den neun s-, p^3- und d^5-Orbitalen könnten neun hybridisierte Orbitale gebildet werden, die formal alle σ-Bindungen bilden könnten. Von diesen wären allerdings nur sechs stark, die übrigen drei aber schwach. Es ist deshalb wahrscheinlicher, daß nur sechs σ-Bindungen gebildet werden, während die anderen drei Orbitale π-Bindungen eingehen, wenn die Liganden dies ermöglichen. Man muß deshalb, wenn mehr als sechs Liganden um ein Zentralatom versammelt sind, die Hybridisierung mit f-Orbitalen in Betracht ziehen, um die Bindung zu erklären, vorausgesetzt, daß sie in ihrem Charakter weitgehend kovalent ist.

f) Anwendung der Theorie

α) σ-Bindungen. Nachdem wir nun die verschiedenen Bindungstypen, an denen d-Orbitale beteiligt sind, und die Voraussetzungen für eine solche Beteiligung betrachtet haben, können wir fortfahren, die aktuellen chemischen Phänomene ausführlicher zu diskutieren.

Zunächst wollen wir versuchen, die Existenz bekannter Moleküle oder Ionen des Typs $(ML_6)^x$ zu verstehen. In diesem Molekül oder Ion soll x eine ganze negative oder positive Ladungseinheit zwischen 0 und 6 Ladungseinheiten bedeuten. M soll keine d-Orbitale in der vorletzten Schale haben oder diese sollen vollkommen aufgefüllt sein.

Wenn M ein Element der zweiten kurzen Periode ist, neigen die gewöhnlichen Komplexe dazu, mit zunehmender Atomzahl ihren Typ in folgender Weise zu verändern.

Wenn M = Na oder Mg ist, sind die Komplexe kationisch und – seltener – neutral. Wenn M = Al ist, sind die Komplexe ebenfalls kationisch, besitzen aber eine geringere Ladung, oder sie sind anionisch. Geht man zu Si über, und dann zu Phosphor und Schwefel, so findet man bei den beiden ersteren Elementen anionische Komplexe und beim Schwefel neutrale Moleküle. Geht man schließlich zu Cl über, so werden die Verbindungen vom Typ $(ML_6)^x$ überhaupt nicht mehr beständig. Diese Komplexe sind nur mit den elektronegativsten Gliedern in jeder der üblichsten Ligandenserien bekannt, z. B. mit Ammoniak oder Aminen, mit Wasser oder Äthern, mit anderen Liganden, die Stickstoff oder Sauerstoff als Koordinationsatom haben, und mit F^-.

Die Eigenschaften der Komplexe von Natrium, Magnesium und Aluminium können verstanden werden, wenn man diese, wie es jetzt üblich ist, hauptsächlich als Ionen-Ionen- oder Ionen-Dipol-Komplexe, d. h. elektrostatisch betrachtet. Ihre Stabilität ist dann, wenn die notwendigen Ionen einmal gebildet sind, durch die Anziehung zwischen Zentralion und Liganden und durch die gegenseitige Abstoßung der Liganden bestimmt (evtl. einschließlich der Wirkung des Ionenradius). Um diese Betrachtung weiterzuentwickeln, müssen wir die Polarisation eines Ions durch ein anderes berücksichtigen[1]. Auf die Wichtigkeit dieser Polarisation

---

[1] K. Fajans u. Joos: Z. f. Phys. **23**, 1 (1924); K. Fajans: Naturwiss. **11**, 165 (1923); K. Fajans: Z. f. Kristallogr. **61**, 18 (1925).

5*

ist zuerst von FAJANS hingewiesen worden. Das Ausmaß einer solchen gegenseitigen Polarisation hängt von den Ladungen, den Polarisierbarkeiten der Ionen und dem Abstand zwischen den Ionen ab. Ein Kation ist viel weniger polarisierbar als ein Anion der gleichen Periode. Z. B. ist Be^{++} verglichen mit O^{--} weniger polarisierbar, weil im ersteren die überschüssige positive Ladung die Elektronen fest zusammenhält, während die überschüssige negative Ladung im letzteren sie lockert. Die wichtigste Art von Polarisation ist deshalb die eines Anions durch ein Kation. Die Polarisation ist groß, 1) wenn die Ladung am Ion groß ist, gleichgültig ob sie negativ oder positiv ist, 2) wenn das Kation klein ist und 3) wenn das Anion groß ist.

Die Polarisation des Liganden durch das Zentralatom nimmt in der oben gegebenen Reihenfolge Na → Cl zu; aber wahrscheinlich spielt sie in Aluminium-Komplexen fast noch keine Rolle. Wenn die Polarisation in diesen Komplexen genügend groß wäre, um einen Übergang einer halben Elektronenladung von jedem Liganden auf das Zentralatom zu bewirken, würde die Ladung des letzteren neutralisiert werden.

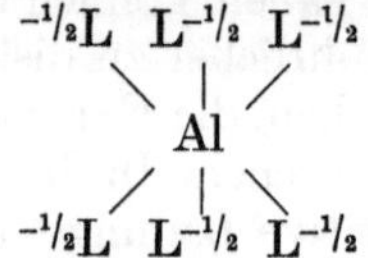

In diesem Fall könnte das Zentralatom sechs Orbitale verwenden, um kovalente Bindungen auszubilden. Die a-Werte dieser Orbitale lassen sich prinzipiell aus den Slater-Regeln errechnen. Dabei hat man anzunehmen, daß vier „halbe Elektronen" die $3s$- und $3p$-Orbitale und zwei „halbe Elektronen" die $3d$-Orbitale besetzen. Es ergibt sich $a = 1,3$ für die $3s$- und $3p$-Orbitale und $a = 0,3$ für die $3d$-Orbitale. Andererseits beträgt beispielsweise für $F^{1/2-}$ der a-Wert für die $2s$- und $2p$-Orbitale 2,5. Es scheint daher, daß sowohl wegen der Unterschiede zwischen den a-Werten für die $3s$- und $3p$-Orbitale des Aluminiums in $[AlF_6]^{3-}$ und den $2s$- oder $2p$-Orbitalen des Fluors als auch wegen der Verschiedenheit der a-Werte für die $3s$- oder $3p$-Orbitale und für die $3d$-Orbitale des Aluminiums selbst, die Überlappung zwischen den Orbitalen des Zentralatoms und den Liganden sehr schlecht wäre.

Da die klassische Auffassung der Polarisation eines Anions durch ein Kation sich als einen Übergang zur Kovalenz ausdrücken lassen muß und da, wie wir gesehen haben, die Kovalenz in den obigen Fällen wahrscheinlich eine geringe Rolle spielt, dürfen wir schließen, daß die Polarisation gering ist. Sicherlich hat sie nicht das oben betrachtete Ausmaß und die Darstellung als Ionen-Ionen-Komplex für z. B. $[AlF_6]^{3-}$ dürfte die wirklichen Verhältnisse gut wiedergeben.

Ausgeprägte Polarisation ist weder notwendig noch für die Stabilität eines Komplexes wünschenswert, wenn es sich um ursprünglich neutrale Liganden handelt, denn sie vergrößert die gegenseitige Abstoßung der Liganden, nicht aber die Anziehung zwischen dem Zentralion und den Liganden. Daher bilden stark elektronegative neutrale Liganden, die nicht der Polarisation unterliegen, die stabileren Komplexe.

In den Komplexen der Reihe Phosphor, Schwefel und Chlor mit zunehmender effektiver Kernladung am ursprünglichen Zentralion gewinnt die Polarisation an Bedeutung, ja wird ein Hauptmerkmal. Ihre Bedeutung in Komplexen des Siliciums liegt zwischen der, die man in Komplexen des Al einerseits und denen von P, S und Cl andererseits beobachtet. Die Polarisation bewirkt eine kräftige Verschiebung von positiver Ladung nach den Liganden. Ursprünglich neutrale Liganden wie H_2O oder NH_3 stoßen sich deshalb dann gegenseitig stark ab. Ursprünglich negativ geladene Liganden, d. h. anionische Liganden, vermindern ihre Abstoßung. Man betrachtet die Beziehung zwischen einem Liganden und dem Zentralatom jetzt besser als eine Überlappungsbindung zwischen einem Radikalliganden und einem sechswertigen Zentralatom mit einer negativen Ladung von $6 - n$ (n ist die Gruppenwertigkeit), wobei die Polarisation dieses Zentral-Anions durch die Liganden mit zunehmender Atomzahl abnimmt[1].

Vom Standpunkt des Ionen-Ionen-Komplexes sehen wir, daß sogar mit Elementen wie Phosphor, Schwefel oder Chlor die Liganden nicht sehr polarisierbar sein dürfen, d. h. elektronegativ sein müssen. Andernfalls würde die positive Ladung am Zentralatom größtenteils neutralisiert werden, wenn Zentralatom und Ligand sich nähern. Dies würde, wie wir im Falle von Aluminium sahen, Instabilität verursachen. Bei weniger großer Annäherung würden andererseits die elektrostatischen Kräfte schwach sein, und die Überlappungsbindung wäre nur gering. Bei ursprünglich anionischen Liganden würden die Ladungsverschiebungen nach dem Zentralion an den Liganden keine positiven Ladungen erzeugen und damit die Abstoßung zwischen den Liganden nicht vergrößern. Ihr größerer Radius gegenüber neutralen Liganden könnte dann aber zu räumlichen Schwierigkeiten bei der Anordnung der Liganden um das Zentralatom führen.

Größe und Polarisierbarkeit eines Liganden neigen dazu, sich gleichzeitig zu vergrößern. Stärker polarisierbare Liganden finden sich deshalb nur in Komplexen, die maximal die Koordinatinoszahl 4 haben. Die gleichen Schlüsse folgen, in einer etwas anderen Sprache, aus der Behandlung der kovalenten Bindung; denn, wie wir gesehen haben, erfordert die Übereinstimmung der $3s$-, $3p$- und $3d$-Orbitale, daß die Liganden elektronegativ sind. Für P^- ist Fluor (oder ausnahmsweise Chlor) als Ligand notwendig, für S^0 ist nur noch Fluor geeignet und für Cl^+ scheint sogar Fluor ungenügend zu sein. Es ist denkbar, daß in $[ClF_6]^+$ die Polarisation der $3d$-Orbitale so groß wäre, daß sie für eine Hybridisierung zu stark kontrahiert vorliegen würden.

Eine extreme Polarisation eines Liganden durch das Zentralatom führt zu einem vollständigen Übergang der Elektronen, d. h. zu einer Oxydation des Liganden. Daher oxydieren die Ionen $[PX_3]^{2+}$ und $[SX_2]^{4+}$ alle außer den elektronegativsten Halogenionen. Dies ist der Grund für die Instabilität von PJ_5 und SCl_6, während PF_5 und SF_6 recht stabil sind.

Wir sehen, daß es oft verschiedene Wege gibt, die Tatsachen zu diskutieren; die grundlegenden Prinzipien und ebenso die Schlüsse sind die gleichen.

---

[1] W. S. Fyfe: J. Chem. Phys. **20**, 1039 (1952).

Um die vorangegangenen Betrachtungen über die σ-Bindung abzuschließen, soll noch erwähnt werden, daß D. P. CRAIG[1] neuerdings einige grobe Berechnungen über die Polarisation von d-Orbitalen in Abhängigkeit von der effektiven Kernladung an einem Atom durchgeführt hat. Er betont, daß die Anordnung von sechs elektronegativen Liganden um ein neutrales Zentralatom effektiv bedeutet, daß sechs positive Ladungen angebracht werden, die die effektive positive Zentralladung vergrößern und sie auch räumlich ausdehnen. Das Ergebnis ist eine dramatische Monopol-Polarisation des diffusen d-Orbitals, das durch Liganden wie Fluor bis zu einem Drittel seiner ursprünglichen Größe kontrahiert werden kann. Eine ähnlich starke Kontraktion finden BUCKINGHAM und CARTER[2, 3], die die Phosphor-Wellenfunktion in dem hypothetischen Molekül PH_5 berechnet haben. Dieses Phänomen scheint deshalb wirklich von Bedeutung zu sein.

β) d_π-p_π-Bindungen. Es gibt sehr deutliche chemische Hinweise auf die Existenz einer d_π-p_π-Bindung, wenn das d_π-Orbital der vorletzten Schale eines Atoms angehört. Cyano-, Carbonyl- und Nitroso-Komplexe werden mit Elementen als Zentralatom gebildet, die in der vorletzten Elektronenschale geeignete d-Orbitale haben, wie z. B. mit den Übergangsmetallen, mit Kupfer, Silber und sogar mit den Metallen der Gruppe II b, nicht aber mit Elementen wie Aluminium, dem d-Orbitale fehlen. Ferner sind solche Komplexe stabiler als die entsprechenden Chloro- oder Bromokomplexe, die keine leeren p_π-Orbitale zur Verfügung stellen können. Weiter gehen auch die Stabilitäten der Komplexe solcher Metalle nicht mit der Basenstärke der Liganden parallel, wie man erwarten würde, wenn nur σ-Bindungen gebildet würden. So kann z. B. [Ni(dipyridyl)$_3$]$^{2+}$ in die optischen Antipoden zerlegt werden, nicht aber [Ni(en)$_3$]$^{2+}$, obwohl Äthylendiamin eine stärkere Base als Dipyridyl[4] ist. Im Dipyridylkomplex wirken π-Bindungen stabilisierend. Direkte physikalische Beweise leiten sich aus der Bindungslänge her, die z. B. in den Carbonylkomplexen kürzer ist als man es für eine Einfachbindung erwarten würde.

PAULING hat[5] darauf hingewiesen, daß das Metallatom das eine hohe negative Ladung aus den Donor-σ-Bindungen der Liganden annehmen müßte, durch Ausbildung solcher Bindungen neutral oder wenig positiv gegenüber dem Liganden sein kann.

$$
\begin{array}{c}
\text{O} \\
\text{C}^\oplus \\
| \\
\overset{\oplus}{\text{OC}}\text{—}\overset{\oplus}{\text{Ni}}\text{—CO} \\
| \\
\text{C}^\oplus \\
\text{O}
\end{array}
$$

[1] D. P. CRAIG: Chem. Soc. Spec. Publ. No. 12, 343 (1958).

[2] R. A. BUCKINGHAM u. C. CARTER: J. Phys. Chem. 61, 19 (1957).

[3] C. CARTER: Proc. Phys. Soc. 69, 1297 (1956).

[4] D. P. CRAIG, A. MACCOLL, R. S. NYHOLM, L. E. ORGEL u. L. E. SUTTON: Journ. Chem. Soc. 1954, 332.

[5] L. PAULING: The Nature of the Chemical Bond, 3. Edition, Chap. 9. New York: Cornell University Press Ithaca 1960.

Im Falle des Nickels in $Ni(CO)_4$ oder des Fe^{2+} in $[Fe(CN)_6]^{4-}$ ergäbe sich sonst am Metallatom eine formale negative Ladung von 4 —.

PAULING schlägt ein „Elektroneutralitätsprinzip" vor, nach dem eine so große Ansammlung von Ladungen, sowohl positiver wie auch negativer, in Wirklichkeit in Molekülen nicht vorkommt, da sie in jedem Fall durch Polarisation in σ-Bindungen oder durch Doppelbindung auf nicht mehr als $+$ 1 oder $—$ 1 Ladungseinheit reduziert wird. Quantitativ läßt sich diese Regel nicht immer anwenden, qualitativ ist sie aber sehr wertvoll. Es handelt sich um eine Weiterentwicklung von FAJANS Vorstellungen (s. S. 68).

In älteren Lehrbüchern sind die Sauerstoffverbindungen der b-Elemente mit Doppelbindungen formuliert, z. B.

Nachdem aber G. N. LEWIS die Donor-Bindung eingeführt und gezeigt hatte, daß das Elektronenoktett durch Formeln wie

erhalten werden konnte, wurden diese modern. 1937 erhoben PAULING und BROCKWAY sowohl einen theoretischen wie auch einen praktischen Einwand gegen solche Formulierungen. Sie wiesen darauf hin, daß in der Dithionsäure und in der Unterdiphosphorsäure solche Formulierungen an zwei benachbarten Atomen positive Ladungen ergeben

und die daraus resultierende Abstoßung zwischen diesen Atomen die Bindung schwächen würde. Doppelbindungen würden diese Ladungen entfernen:

Weiter sind die Schwefel-Sauerstoff- und Phosphor-Sauerstoff-Bindungsabstände in solchen Fällen gewöhnlich ebenso kurz wie jene für Doppelbindungen. Eine wirkliche Donor-Bindung wie, $\diagup\!\!\!\diagdown N^+—O^-$ in Trimethylaminoxyd hat dagegen etwa den für eine Einfachbindung zu erwartenden Abstand (N—O in H_2NOCH_3 beob. 1,43 Å; N—O in $(CH_3)_3N—O$ beob.

1,44$\pm$0,04 Å). Auch die elektrischen Dipolmomente einiger solcher Sauerstoffverbindungen sind eindeutig kleiner als die Werte, die man für Donor-Bindungen erwarten würde[1], während die Bildungswärmen und ebenso die Schwingungsfrequenzen größer sind[2].

Solche Bindungen haben demnach zweifelsohne ausgeprägten Doppelbindungscharakter, d. h. einen starken π-Bindungsanteil. Quantitative Schätzungen mögen allerdings nicht sehr vertrauenswürdig sein.

Diese Vorstellungen finden andere Anwendungen, von denen einige erwähnt werden sollen. Die Silikone oder Siloxane haben ein Gerüst, in dem sich Silicium und Sauerstoff abwechseln, während die restlichen Valenzen des Silicium mit organischen Resten R,R' besetzt sind. Solche Substanzen sind von großer thermischer Stabilität und die Kettenmoleküle werden nur von starken Säuren oder starkem Alkali hydrolysiert. Die Silicium-Sauerstoff-Bindungen scheinen demnach sehr stark zu sein. Eingehende Strukturuntersuchungen einiger dieser Verbindungen[3] zeigen das Hauptmerkmal, daß der Si—O—Si-Bindungswinkel außerordentlich groß ist, nämlich 135–143° beträgt (in $(H_3Si)_2O \sim 142^{04}$), verglichen mit 104,45° in Wasser oder 111° in $(CH_3)_2O$. Dies deutet mit Sicherheit darauf hin, daß das Sauerstoffatom zum Silicium mindestens *eine* π-Bindung bildet, die den Winkel auf 125° vergrößern würde, und daß sogar teilweise eine zweite π-Bindung eingegangen wird, so daß sich die Struktur der Grenzform

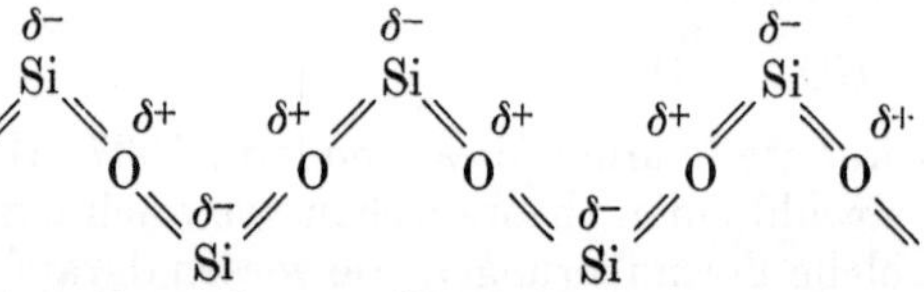

nähert. Wenn diese Grenzform vollkommen erreicht wäre, sollte der Bindungswinkel 180° betragen. Es würden dann beträchtliche positive und negative Ladungen an den Sauerstoff- bzw. den Siliciumatomen entstehen. In Wirklichkeit ist die π-Bindung nicht so weitgehend ausgebildet und die tatsächliche Struktur läßt sich so darstellen, daß die Si—O-Bindungen zwischen $1\frac{1}{2}$- bis 2fach-Bindungen liegen. Es ist hier wichtig zu bemerken, daß die Kette wegen der Zahl der *d*-Orbitale an jedem Siliciumatom nicht in einer Ebene liegen muß, wie es wahrscheinlich für ein Polyen

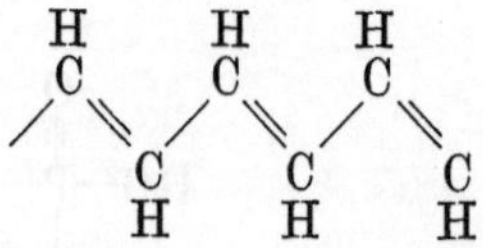

der Fall ist. Die freie Drehbarkeit um jede Si—O-Bindung ist erhalten. Daher kann sich die Kette ebenso wie die Kette eines gesättigten Kohlen-

---

[1] G. M. Phillips, J. S. Hunter u. L. E. Sutton: J. Chem. Soc. **1945**, 146.

[2] D. Barnard, J. M. Fabian u. H. P. Koch: J. Chem. Soc. **1949**, 2442.

[3] S. Tables of Interatomic Distances and Configuration in Molecules and Ions, Spec. Publ. No. 11, The Chem. Soc. London 1958, M 208, M 209, M 220.

[4] V. C. Ewing, O. Bastiansen u. M. Traetterberg. Pers. Mittlg.

wasserstoffs knäueln. In den analogen Silazanen mit NH anstelle von Sauerstoff kann nur eine „momentane" π-Bindung gebildet werden: Der Winkel Si—N—Si beträgt dementsprechend im Sechsring $117^0\pm4$, im Achtring $123^0\pm4$.

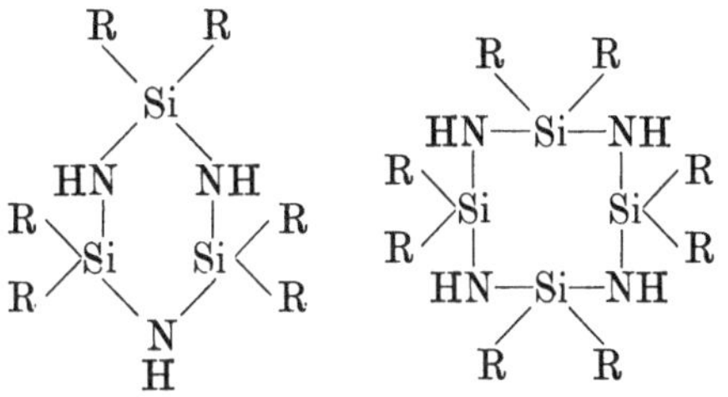

Die Silazane werden leicht zu Siloxanen hydrolysiert.

γ) *dπ-dπ*-**Bindungen.** Auf die chemische Evidenz für die Existenz von d_π-d_π-Bindungen, wobei ein d-Orbital der letzten Elektronenschale des einen Atoms und das zweite d-Orbital der vorletzten Schale eines anderen Atoms angehört, ist schon hingewiesen worden. Es deutet nichts darauf hin, daß sich PF_3 als ein Donor-Molekül verhält, wenn nur σ-Bindungen möglich sind. Eine Untersuchung der Phasenregel am binären System PF_3—BF_3 zeigt nicht einmal ein Anzeichen für die Existenz einer Verbindung[1]. Jedoch sind die PF_3-Komplexe mit Platin bemerkenswert stabil und $Ni(PF_3)_4$ hat etwa die gleiche Stabilität wie $Ni(CO)_4$. Die PF_3—Pt-Bindung scheint ein niedriges elektrisches Dipolmoment zu besitzen[2] und scheint daher keine einfache Donor-σ-Bindung zu sein.

Die Vorstellung von d_π-d_π-Bindungen ist verwendet worden, um das Vorkommen und die Struktur von Komplexen, die Olefine mit Übergangsmetallen, nicht dagegen mit anderen Metallen bilden, zu erklären. Es ist bekannt, daß in

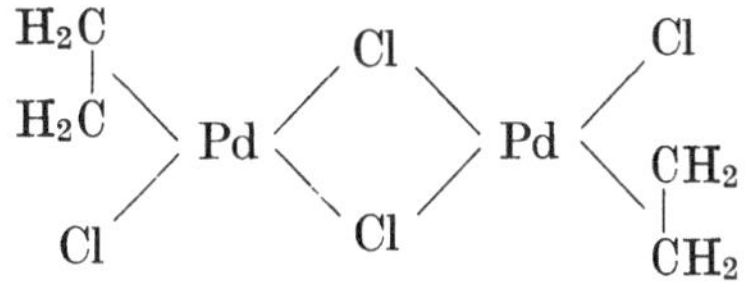

die Achsen der Äthylenmoleküle senkrecht zur Pd—Cl-Ebene stehen[1]. Diese Tatsache kann folgendermaßen erklärt werden[3, 4]. Die Bindung zwischen den Kohlenstoffatomen in Äthylen kann aus einer σ-Bindung und einer π-Bindung zusammengesetzt betrachtet werden. Entlang einer Achse, die senkrecht zur Ebene $\mathrm{H_2C{=}CH_2}$ steht, hat die π-Bindung eine quasi-σ-Symmetrie (vgl. Abb. 48a). Es kann deshalb eine Donor-σ-Bindung zum Palladium ausgebildet werden. Die zwei bindenden Elektronen

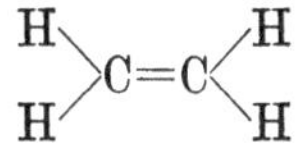

---

[1] J. N. Dempsey u. N. C. Baenziger: J. Am. Chem. Soc. **77**, 4984 (1955).
[2] J. Chatt u. R. G. Wilkins: J. Chem. Soc. **1951**, 3061.
[3] M. J. S. Dewar: Bull. Soc. chim. France **1951**, 18, 79.
[4] J. Chatt u. L. A. Duncanson: J. Chem. Soc. **1953**, 2939.

befinden sich in einem Dreizentren-Orbital, das aus p-Funktionen der beiden Kohlenstoffatome und einem dsp^2-Hybridorbital des Palladiums gebildet wird. Die ursprüngliche π-Bindung in Äthylen entstand durch die Kombination der zwei p-Funktionen Gl. (5.5)

$$\Psi = \frac{1}{N}\left[\psi(C_{A2p_x}) + \psi(C_{B2p_x})\right] \tag{5.5}$$

Die andere Kombination dieser p-Orbitale Gl. (5.6)

$$\Psi' = \frac{1}{N}\left[\psi(C_{A2p_x}) - \psi(C_{B2p_x})\right] \tag{5.6}$$

hat eine Symmetrie vom d-Typ, wie es in Abb. 48 b durch die nicht schraffierten Orbitallappen um C_A und C_B gezeigt ist. Es wäre nichtbin-

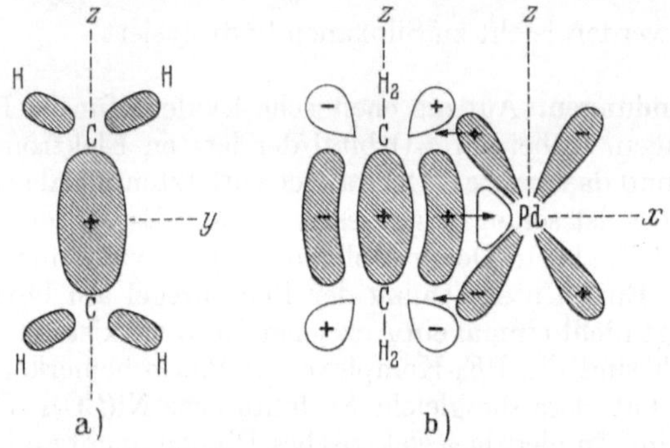

Abb. 48 a u. b. a) Das Äthylenmolekül, senkrecht zur Molekülebene, d. h. in Richtung der x-Achse gesehen. b) Das Äthylenmolekül und das Palladiumatom, in Richtung der y-Achse gesehen

dend und daher im freien Molekül nicht von Elektronen besetzt. Die Symmetrie dieses Orbitals stimmt jedoch für die beschriebene Struktur mit der eines aufgefüllten d-Orbitals des Palladiums überein. Es kann deshalb angenommen werden, daß das Palladium eine Donor-π-Bindung zum Äthylen ausbilden kann. So gibt es, im ganzen gesehen, eine Art Doppel-Dreizentrenbindung zwischen dem Palladiumatom und dem Äthylenmolekül.

δ) Der trans-Effekt. Eine andere Anwendung der Auffassung von Bindungen unter Beteiligung von d_π-Orbitalen geht auf J. CHATT et al.[1] zurück. Sie verwendeten sie, um den sog. „trans-Effekt" bei Substitutionsreaktionen in gewissen Komplexen, besonders den vierfach koordinierten Komplexen des Platins, zu erklären. Es gibt bei solchen Verbindungen bestimmte Substitutionsgesetze, die durch folgende Beispiele belegt sein mögen:

$$K\begin{bmatrix} H_3N & Cl \\ & Pt & \\ Cl & Cl \end{bmatrix} + C_2H_4 \longrightarrow \begin{array}{c} H_3N \\ \\ C_2H_4 \end{array} Pt \begin{array}{c} Cl \\ \\ Cl \end{array} + KCl$$
cis

---

[1] J. CHATT, L. A. DUNCANSON, L. M. VENANZI: Journ. Chem. Soc. **1955**, 4456.

$$K \begin{bmatrix} C_2H_4 & & Cl \\ & Pt & \\ Cl & & Cl \end{bmatrix} + NH_3 \longrightarrow \begin{matrix} C_2H_4 & & Cl \\ & Pt & \\ Cl & & H_3N \end{matrix} + KCl$$

trans

Die cis-Substitution verläuft langsam, die trans-Substitution schnell und umkehrbar. Der Ort der Substitution und die Substitutionsgeschwindigkeit werden durch den einzelnen Liganden, der sich im ursprünglichen Komplex befindet, bestimmt. Diese Substitutionsgesetze erinnern an die Substitutionsregeln für den Benzolring, und man kann eine ähnliche Erklärung suchen. Die Liganden mit einem besonders starken trans-dirigierenden Einfluß, z. B. NO, CO, C_2H_4, CN^- sind die, die wir früher als zur Ausbildung von π-Bindungen mit dem Metallatom fähig angesehen haben. Sie haben freie d_π-Orbitale, die die Bildung einer Donor-π-Bindung vom Metall zulassen. CHATT et al. weisen darauf hin, daß die Bildung einer solchen Bindung die Elektronenladungsdichte am Metallatom verringern wird und daß alle Substitutionsreagentien nucleophilen Charakter haben, d. h. dazu neigen, in Reaktionen in einem gewissen Maße Elektronen abzugeben. So bildet z. B. NH_3 bei der Kombination mit dem Metall eine Donor-Bindung. Der Angriff solcher Reagentien auf das Metall unter Bildung eines Reaktionskomplexes verringert die negative Ladung am Metall[1] und bewirkt eine Zunahme seiner Elektronenaffinität.

Dieser Effekt sollte besonders in den trans-Stellungen hervortreten, wie aus der Betrachtung der Orbitalgeometrie in Abb. 49 zu sehen ist. Wenn wir annehmen, daß die Donor-Bindung zum Liganden von einem

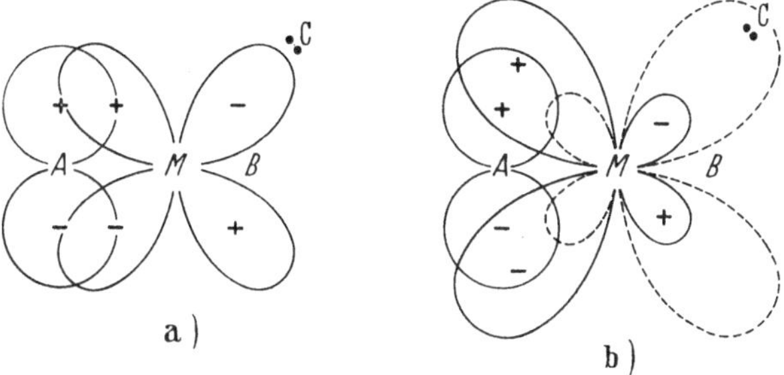

Abb. 49 a u. b. Darstellung der Beziehungen zwischen den π-Orbitalen des Metallatoms, dem $p\pi$-Orbital des Liganden A und dem nucleophilen Reagenz C, a) für ein reines d-Orbital am Metallatom, b) für hybridisierte $p\pi$-$d\pi$-Orbitale am Metallatom M

reinen d_π-Orbital des Metalls gebildet wird (vgl. Abb. 49 a), so erhalten wir die in der Abbildung gezeigte geometrische Beziehung. Die Elektronendichte ist in den rechten Orbitallappen des d_π-Orbitals durch den Liganden A (im Beispiel C_2H_4) teilweise verringert, so daß die Annäherung des nucleophilen Reagenz C (im Beispiel NH_3) in der nächsten

---

[1] Daß eine solche Verringerung tatsächlich auftritt, zeigt die schwere Oxydierbarkeit von Pt^{II} zu Pt^{IV}, wenn ein Ligand mit starkem trans-Effekt vorhanden ist.

Nachbarschaft des Substituenten B (im Beispiel Cl) erleichtert wird. Das heißt, die Substitution ist in der trans-Stellung zu A begünstigt. Die Elektronenverteilung im d_{yz}-Orbital, das senkrecht zum gezeigten d_{xz}-Orbital steht, wird weniger beeinflußt. So wird ein Ligand, der leicht eine π-Bindung vom Metall annehmen kann, die Substitution in trans-Stellung dirigieren und, indem er die Aktivierungsenergie für die Bildung des Übergangszustandes verringert, die Reaktion beschleunigen. Kann die dirigierende Gruppe Doppelbindungen nur in geringem Maße oder gar nicht eingehen, wird sie den Angriff in trans-Stellung nicht begünstigen, sondern vielleicht erschweren. Die Abnahme der Elektronenladungsdichte am Metall wird die Substitutionsfähigkeit zu einem gewissen Ausmaß in allen Stellungen beeinflussen, aber sie tut es ganz besonders in trans-Stellung.

Platin(II)-Komplexe zeigen den Effekt besonders deutlich. Dies mag darauf zurückzuführen sein, daß das $5d$-Orbital eine Energie hat, die nahe bei der des $6s$- oder $6p$-Orbitals für dieses Element liegt (vgl. Abb. 6). Weiter wird die Hybridisierung des leeren $6p_z$-Orbitals mit dem $5d_{xz}$-Orbital ein Orbital vom π-Typ geben (vgl. Abb. 44 c), das besonders für die Bindung mit einem Liganden geeignet ist (s. Abb. 49 b). Das begleitende Orbital (s. Abb. 44 b) mit seinen großen Orbitallappen auf der anderen Seite des Liganden A wird entsprechend günstig für die Annahme von Elektronen des Reagenz C sein (s. Abb. 49 b, in der das leere Hybrid-Orbital durch gebrochene Linien dargestellt ist).

ε) Ringsysteme. Aus den Darlegungen in Kapitel IV über Ringsysteme geht hervor, daß die Atomfunktionen, gleichgültig ob sie vom σ-Typ oder vom π-Typ sind, kombiniert werden können, vorausgesetzt, daß *alle* Funktionen vom einen oder vom anderen Typ sind. Dies gilt sowohl für Ringe mit einer geraden Anzahl wie auch mit ungerader Anzahl von Gliedern. Die Kombination von ausschließlich d_π-Orbitalen der Atome zur Bildung von Molekülorbitalen ist theoretisch noch nicht eingehend untersucht worden. Daß diese Fragen aber von Interesse sind, zeigen Arbeiten von W. MAHLER und A. B. BURG[1], die die Isolierung zweier Ringverbindungen $(PCF_3)_4$ und $(PCF_3)_5$ beschreiben. Von den beiden Verbindungen hat die tetramere die größere thermische Stabilität. Die Autoren schlagen vor, daß es an den Phosphoratomen unter Einbeziehung von d_π-Orbitalen π-Bindungen gibt. Zur Unterstützung dieser Ansicht führen sie spektroskopische Hinweise an.

Wenn wir annehmen, daß die Elektronenverteilung in jedem Phosphoratom von s^2p^3 nach sp^3d (oder nach sp^2d^2) angehoben wäre, dann könnten in solchen Ringverbindungen ein s- und zwei p-Orbitale für die Bildung des σ-Bindungsgerüstes verwendet werden, während an jedem Atom noch ein einfach besetztes p_π- und d_π-Orbital (oder zwei d_π-Orbitale) für die Ausbildung von π-Bindungen übrigblieben. Auf der Grund-

---

[1] W. MAHLER u. A. B. BURG: Journ. Am. Chem. Soc. **79**, 251 (1957); **80**, 6161 (1958).

lage der Elektronenpaarbindungs-Behandlung würde dies zu den Strukturen

$$F_3C \diagdown \qquad \diagup CF_3$$
$$P{=}P$$
$$P{=}P$$
$$F_3C \diagup \qquad \diagdown CF_3$$

und

$$F_3C \diagdown \qquad \diagup CF_3$$
$$P{=}P$$
$$F_3C{-}P \diagup \qquad \diagdown P{-}CF_3$$
$$P$$
$$CF_3$$

führen. Aus unseren früheren Betrachtungen der relativen Größe der d-Orbitale und der s- und p-Orbitale in der gleichen Hauptgruppe scheint es wahrscheinlich, daß diese Bindung nur deshalb von Bedeutung sein kann, weil die CF_3-Gruppen genügend elektronegativ sind, um die d-Orbitale zur erforderlichen Größe zu kontrahieren.

Es drängt sich die Frage auf, weshalb das S_8-Molekül mit Einfachbindungen die stabilste Form des elementaren Schwefels bildet, weshalb es insbesondere stabiler ist als etwa ein S_5-Molekül, in dem der Bindungswinkel 108° betragen würde, wenn der Ring ein regelmäßiges Fünfeck darstellte. Dieser Winkel würde nahe bei dem im orthorhombischen S_8-Molekül[1] beobachteten Winkel von 107,6° liegen. S_8 ist auch stabiler als S_6, das, wie DONOHUE und Mitarbeiter[2] gezeigt haben, mit Sicherheit existiert. Obwohl diese Erscheinung keiner mit π-Bindungen zusammenhängenden Erklärung zu bedürfen scheint, sei doch an dieser Stelle eine Erklärung versucht.

Wenn wir annehmen, daß die gemeinsame Wirkung der Abstoßung zwischen den freien Elektronenpaaren benachbarter Schwefelatome, d. h. S_1 und S_2 und zwischen dritten Nachbarn (z. B. S_0 und S_3) einen Wert des Flächenwinkels S_0S_1 $S_2{-}S_1S_2S_3$ von mehr als 90° begünstigen und wenn auch der SSS-Winkel das Bestreben hat, größer als 90° zu sein, dann ist das S_8-Molekül stabiler als das S_6-Molekül.

In S_6 können die beiden Winkel nicht gleichzeitig größer als 90° sein. Wenn der Flächenwinkel >90° wäre, so müßte der SSS-Winkel <90° sein (s. Abb. 50 c und 50 d). Dagegen können

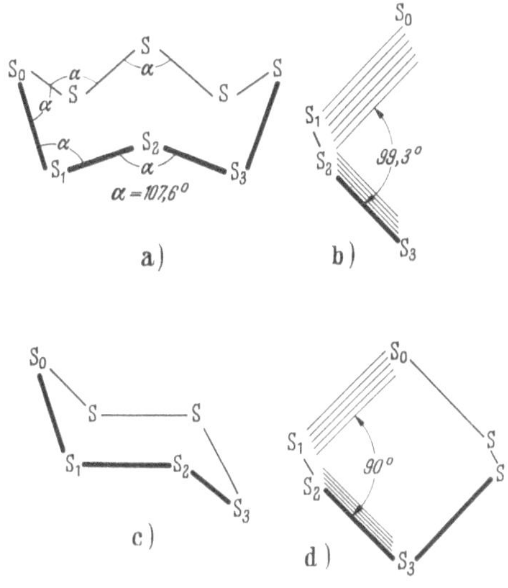

Abb. 50 a–d. a) und c) Die Strukturen von S_8 und S_6. b) und d) zeigen den jeweiligen Flächenwinkel $S_0S_1S_2$-$S_1S_2S_3$

[1] S. C. ABRAHAMS: Acta Cryst. 8, 661 (1955).
[2] J. DONOHUE, A. CARON u. E. GOLDISH: Nature 182, 518 (1958).

in S_8 beide Winkel $>90°$ sein. So beträgt der SSS-Winkel in S_8 107,6°, der Flächenwinkel $S_0S_1S_2 - S_1S_2S_3$ 99,3° (s. Abb. 50a und 50b).

Die cyclischen Verbindungen des Typs $(A—B)_n$, wobei A ein Element ist, das ein d_π-Orbital, und B ein Element ist, das ein $p\pi$-Orbital zu einem Molekülorbital beiträgt, sind neuerdings diskutiert worden. Man kann zwei Typen von Verbindungen unterscheiden. Der erste Typ hat in seiner einfachsten Formulierung keine abwechselnden Einfach- und Doppelbindungen und wird durch Tetraschwefeltetranitrid, S_4N_4, dargestellt, das durch die Formeln 5.1 a und 5.1 b wiedergegeben werden kann. Es gibt viele Analoga für vierwertigen, zweifach doppelt gebundenen Schwefel, im einfachsten Fall das Schwefeldioxyd, SO_2, so daß die obige Elektronenpaarbindungs-Formulierung keine offensichtlichen Schwierigkeiten bietet. Dagegen gibt es keine zu S_4N_4 analogen Verbindungen $(RPN)_4$. Es sind andererseits auch keine Verbindungen bekannt mit zweifach doppelt gebundenem Phosphor; z. B. sind alle Verbindungen der Bruttoformel RPO_2 polymer.

Der zweite Typ enthält abwechselnd Einfach- und Doppelbindungen und wird durch die trimeren und tetrameren Phosphornitrilhalogenide (Formeln 5.2 und 5.3), die trimeren und tetrameren Thiazylhalogenide (Formeln 5.4 und 5.5), das trimere Sulfanurchlorid (Formel 5.6) und die Siloxane (Formeln 5.7 und 5.8) repräsentiert.

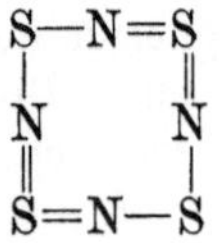

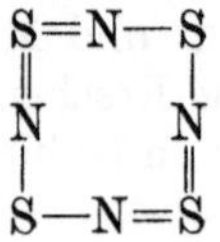

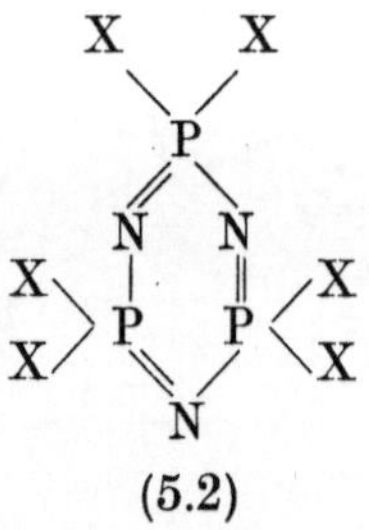

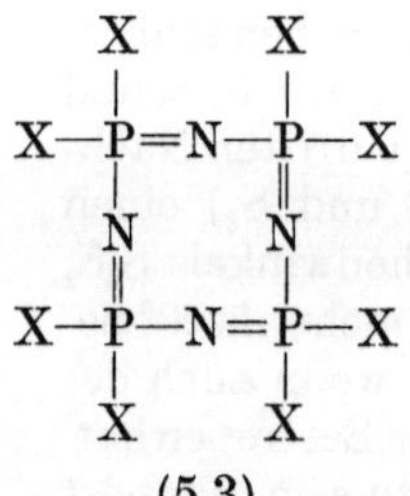

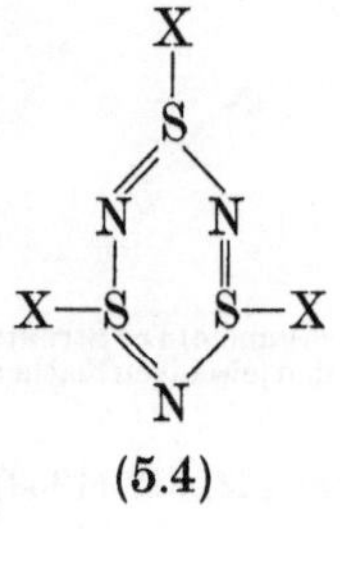

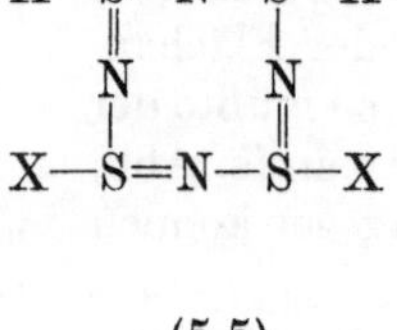

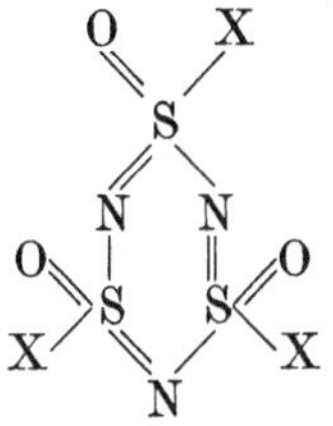

$$(5.6) \qquad (5.7) \qquad (5.8)$$

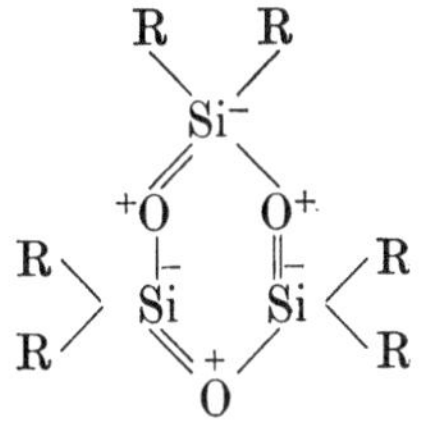

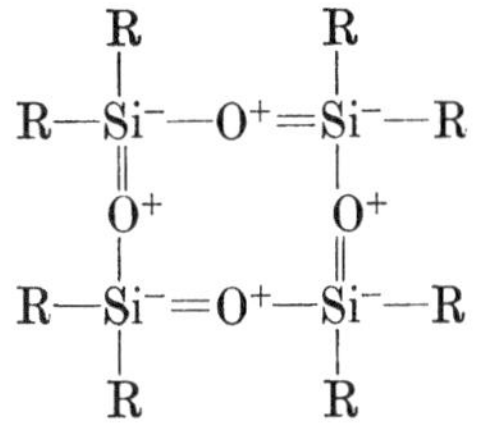

Die Doppel- und Einfachbindungen können in diesen Elektronenpaar-bindungs-Formeln ohne weiteres vertauscht werden, so daß Resonanz vermutet werden kann.

Die Molekülorbital-Behandlung solcher Ringsysteme mag aufschluß-reicher sein. CRAIG[1],[2] und CRAIG und PADDOCK[3] nehmen an, daß die Elektronenverteilung des Phosphors in den betreffenden Phosphorver-bindungen nach sp^3d angehoben ist, was erlaubt, daß ein s- und drei p-Orbitale für das σ-Bindungsgerüst verwendet werden können und ein d_π-Orbital für die Bildung eines Molekülorbitals zur Verfügung gestellt werden kann. Die Stickstoffatome sind in den Phosphornitrilhalogeniden dem Kohlenstoff in Benzol analog. Wir können annehmen, daß sie ein s- und zwei p-Orbitale für den Aufbau der zwei Bindungen des σ-Bindungs-gerüstes und für das eine freie Elektronenpaar liefern. Das dritte p-Orbi-tal, das ein π-Orbital ist, steht dann für den Aufbau eines Molekülorbitals zur Verfügung.

In den Verbindungen mit vierwertigem Schwefel (Formeln 5.4 und 5.5) würde die Anhebung nach sp^4d oder nach s^2p^3d erfolgen. Dann könnten das σ-Bindungsgerüst 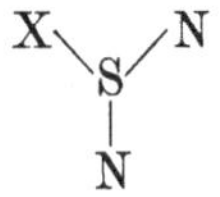 und ein freies Elektronenpaar in Orbitalen untergebracht werden, die von einem s- und drei p-Orbitalen gebildet würden, während ein d-Orbital des Schwefels für das Molekül-orbital übrigbliebe. In den Verbindungen des sechswertigen Schwefels (Formel 5.6) erfolgt eine Anhebung der Elektronen nach sp^3d^2. Es wird wieder ein σ-Bindungsgerüst $O{=}S{-}N$ aus einem s- und drei p-Orbitalen gebildet, wobei ein d_π-Orbital für eine lokalisierte π-Bindung zum Sauer-stoff verwendet wird, während das andere für die Bildung eines Mole-külorbitals zur Verfügung steht.

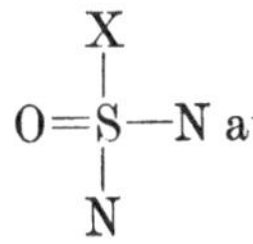

In allen diesen Fällen muß deshalb das Molekülorbital aus abwechseln-den d_π- und p_π-Atomorbitalen aufgebaut werden. CRAIG weist darauf hin, daß ein solches Molekülorbital nur dann von Bedeutung sein wird, wenn

[1] D. P. CRAIG: Chem. Soc. Spec. Publ. No. **12**, 343 (1958).
[2] D. P. CRAIG: Journ. Chem. Soc. **1959**, 997.
[3] D. P. CRAIG u. N. L. PADDOCK: Nature **181**, 1052 (1958).

die benachbarten d_π- und p_π-Orbitale gut überlappen. Dies erfordert zwar keine sehr genaue Übereinstimmung bezüglich der Größe, wie wir gesehen haben; aber es verlangt doch wenigstens eine gewisse Übereinstimmung.

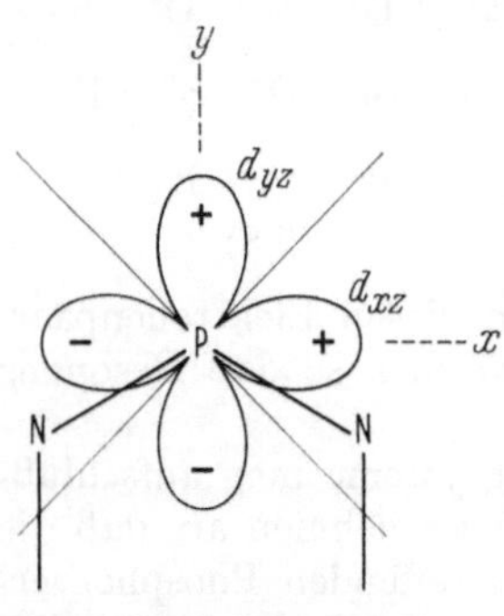

Abb. 51. Die tangentialen und radialen $d\pi$-Funktionen (d_{xz}- bzw. d_{yz}-Funktionen) in bezug auf die Phosphor- und Stickstoffatome im Phosphornitrilsystem

CRAIG kommt zu dem Schluß, daß die tangentialen d_{xz}-Orbitale durch die polarisierenden Einflüsse der Umgebung, d. h. durch die Gesamtwirkung der sich außerhalb des Ringes befindlichen Substituenten an den Phosphor- bzw. Schwefelatomen und durch die σ-Bindungen zu den Stickstoffatomen, stärker beeinflußt werden als die radialen d_{yz}-Orbitale, so daß das Molekülorbital aus abwechselnden d_{xz}- und p_z-Orbitalen gebildet wird. Vergleiche hierzu Abb. 51.

Wie man aus Abb. 52 a sieht, kann man für achtgliedrige Ringsysteme ohne weiteres Kombinationen von Orbitalen in der Weise zeichnen, daß die Vorzeichen der Lappen in Dreiergruppen übereinstimmen. Dies ist jedoch für einen Sechsring, wie Abb. 52 b zeigt nicht möglich, so daß das einfachste Molekülorbital eine Art Knoten haben muß. Die erste Feststellung gilt für alle $4n$-gliedrigen Ringe dieses Typs, die letztere für alle $(4n+2)$-gliedrigen Ringe. Für Molekülorbitale in ebenen Ringsystemen, die aus p-Orbitalen der Atome aufgebaut sind, zeigte E. HÜCKEL, daß die Delokalisierungsenergie pro π-Elektron in den $(4n+2)$-gliedrigen Ringen größer als in den $4n$-gliedrigen Ringen ist. CRAIG wies aber nach, daß diese zusätzliche Stabilisierung für die d_π-p_π-Molekülorbitale nicht erhalten wird, sondern daß die Delokalisierungsenergie mit zunehmender Ringgröße stetig anwächst. Dies ist qualitativ gültig, wie groß auch der Elektronegativitätsunterschied zwischen den d_π- und den p_π-Orbitale tragenden Atomen ist.

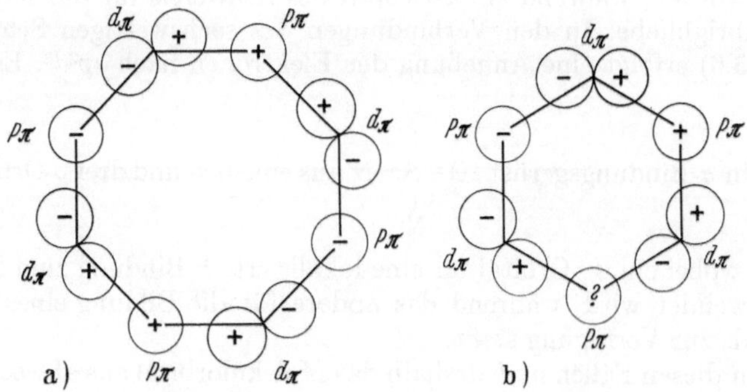

Abb. 52 a u. b. Die Überlappung von abwechselnden $d\pi$- (tangentialen) Funktionen und $p\pi$-Funktionen in a) achtgliedrigen und b) sechsgliedrigen Ringsystemen

Daraus folgt, daß wenn Molekülorbitale mit d_π-p_π-Bindungen eine Rolle spielen, die delokalisierte π-Bindung in achtgliedrigen Ringsystemen stärker als in sechsgliedrigen Ringen ist. In der entgegengesetzten Richtung wirkt die Destabilisierung des σ-Ringsystems, die wegen der Spannung der Bindung in einem ebenen achtgliedrigen Ring größer als in einem ebenen sechsgliedrigen Ring ist. Die Überlappung zwischen d_π- und p_π-Orbitalen wird jedoch durch eine Wellung des Rings weniger als die zwischen p_π- und p_π-Orbitalen beeinflußt, da das d_π-Orbital wegen der Anzahl der verfügbaren d-Orbitale etwa an den Phosphor- und Schwefelatomen in gewissem Maße relativ zum σ-Bindungssystem flexibel ist, wie es schon in der Diskussion der Siloxane erwähnt wurde (s. S. 72). Die Bedeutung der π-Bindungsenergie wird auch durch die Elektronegativität der sich außerhalb des Ringes befindlichen Gruppen beeinflußt, da diese ihrerseits die Elektronegativität der die d_π-Orbitale tragenden Atome ändern kann. Im allgemeinen ist die π-Delokalisierungsenergie um so größer, je größer die Elektronegativität dieser Gruppen ist.

Dewar, Lucken und Whitehead[1] haben diese Behandlung kritisiert, da sie die radialen d_{yz}-Orbitale nicht genügend berücksichtigt. Sie nehmen an, daß diese ebenso wichtig sind wie die tangentialen d_{xz}-Orbitale und daß deshalb jedes Phosphoratom in den Phosphornitrilhalogeniden zwei d_π-Orbitale für die Ausbildung von π-Bindungen zur Verfügung hat. Dann läßt sich eine Reihe von Dreizentrenorbitalen aufbauen, deren jedes aus zwei d_π-Orbitalen verschiedener Phosphoratome und einem p_π-Orbital des dazwischenliegenden Stickstoffatoms gebildet wird. Die Reihe solcher Orbitale für den sechsgliedrigen Ring der Phosphornitrilhalogenide ist in Abb. 53 b gezeigt.

Dieser Prozeß kann ebenso leicht für jede beliebige Ringgröße durchgeführt werden. Das Ergebnis besagt, daß es anstatt vollkommen delokalisierter π-Bindungen, wie Craig postuliert, fast unabhängige, lokalisierte Dreizentren-π-Bindungen gibt. Dies würde bedeuten, daß die Resonanzstabilisierung der Anzahl solcher Dreizentrenbindungen proportional ist, d. h. die Bildungswärme pro $PNCl_2$-Einheit sollte von der Ring-

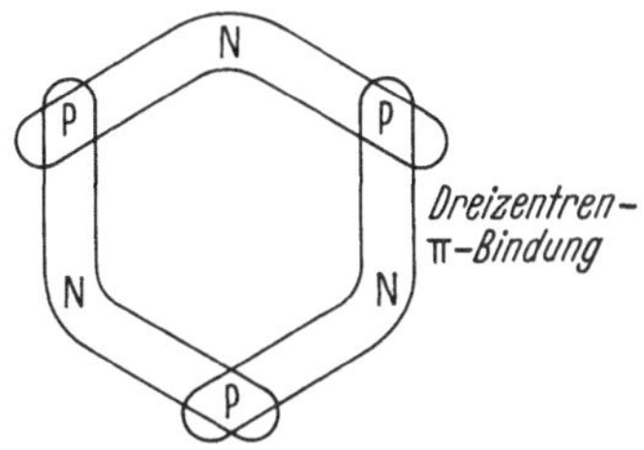

Abb. 53. Die drei möglichen Dreizentrenorbitale im PN-Ringsystem nach Dewar, Lucken und Whitehead

größe unabhängig sein. Dasselbe sollte für die kettenförmigen Polymeren gelten, wenn man von den Endgruppeneffekten absieht. Es sollte möglich sein, die zwei Dreizentren-Bindungen an jedem Phosphoratom relativ zueinander zu bewegen, ohne daß die Resonanzenergie im gesamten vermindert wird. Wenn ein Ring deshalb gewellt ist, sollte aus diesem Grund keine Destabilisierung auftreten und seine Konformation wäre durch Spannungs- und Abstoßungsenergien bestimmt, wie es bei den gesättigten Ringkohlenwasserstoffen der Fall ist.

Die Wahl zwischen den beiden Behandlungen muß eher durch die relative Wichtigkeit, die den d_{xz}- und d_{yz}-Orbitalen am Aufbau der

---

[1] M. J. S. Dewar, E. A. C. Lucken u. M. A. Whitehead: Journ. Chem. Soc. **1960**, 2423.

π-Bindung zugeschrieben wird, entschieden werden. Um die Gruppen von Dreizentren-Orbitalen zu bilden, könnten die d_{xz}- und d_{yz}-Orbitale, die in Abb. 51 definiert sind, zu einem neuen Paar kombiniert werden, dessen Achsen nach neuen Richtungen orientiert sind. Bestünde jedoch zwischen den d_{xz}- und d_{yz}-Orbitalen ein beträchtlicher Größenunterschied, so wäre das Ergebnis einer solchen Kombination nicht von Nutzen für die Bindung. Zum gegenwärtigen Zeitpunkt kann diese Frage auf Grund theoretischer Betrachtungen allein nicht entschieden werden.

Die wichtigsten experimentellen Daten, die diese Fragen betreffen, sind die folgenden: Der Ring im trimeren Phosphornitrilchlorid, $(PNCl_2)_3$, ist fast eben[1] und die Bindungsabstände zwischen Phosphor und Stickstoff sind wahrscheinlich alle gleich groß (1,57–1,61 Å). Ebenso ist der Ring des tetrameren Phosphornitrilfluorids, $(PNF_2)_4$, eben. Die Bindungsabstände sind alle fast gleich groß (1,49–1,52 Å). Dagegen sind die Ringe im tetrameren Phosphornitrilchlorid, $(PNCl_2)_4$ und in $\{PN[N(CH_3)_2]_2\}_4$ gewellt, in der ersten Verbindung stärker als in der zweiten. Die Bindungsabstände in $(PNCl_2)_4$ sind alle gleich groß (1,66–1,69 Å). Das gleiche gilt für das tetramere Phosphornitrildimethylamid (1,59 Å).

Die sechs- und besonders die achtgliedrigen Ringsysteme sind thermisch sehr stabil und hydrolysebeständig. Bei den hohen Polymeren $(PNCl_2)_n$ mit $n = 50 - 100$ handelt es sich wahrscheinlich nicht um Ringverbindungen, obwohl die Endgruppen der Ketten noch nicht mit Sicherheit festliegen.

Oktamethyltetrasiloxan ist kristallographisch sehr genau untersucht worden[2]. Das Molekül ist uneben. Es hat ein Symmetriezentrum, so daß gegenüberliegende Bindungspaare gleich lang sein müssen. Die Unterschiede der Bindungsabstände im Ring sind jedoch unbedeutend und liefern kein Anzeichen für abwechselnd lange und kurze Bindungen. Der Si—O—Si-Bindungswinkel ist mit 142,5° sehr groß (s. S. 72), woraus hervorgeht, daß die Si—O-Bindungen keine reinen Einfachbindungen sind.

Eine vorläufige Strukturbestimmung von $(NSF)_4$ zeigt, daß der Ring gewellt ist. Die S—N-Bindungsabstände betragen abwechselnd 1,66 Å und 1,55 Å[3]. Dieses experimentelle Ergebnis scheint deshalb weder für die Richtigkeit der einen noch der anderen Behandlung zu sprechen.

---

[1] A. Wilson u. D. F. Carroll: Chem. and Ind. **1958**, 1558.
[2] H. Steinfink, B. Post u. I. Fankuchen: Acta Cryst. **8**, 420 (1955).
[3] G. A. Wiegers: Abstr. Int. Union of Cryst., Cambridge 1960.

6. Komplexverbindungen der Übergangsmetalle

a) Einführung

Seit etwa 1952 hat die Theorie der Bindung in Komplexverbindungen sehr bedeutende und schnelle Fortschritte gemacht, besonders was die Verbindungen der Übergangsmetalle betrifft. Um die Entwicklung richtig ermessen zu können, scheint es wünschenswert zu betrachten, was wir von einer solchen Theorie verlangen und weiter zu sehen, wo die Theorie unmittelbar vor den neuen Fortschritten stand.

Eine befriedigende Theorie sollte folgendes voraussagen können:
1. Die Stabilität eines Komplexes, d. h. seine freie Energie oder wenigstens seine Bildungswärme aus den Komponenten,
2. die Oxydations-Reduktionszustände und ihre relativen freien Energien,
3. die Stereochemie,
4. das Reaktionsvermögen (durch Behandlung der Übergangszustände der Reaktion),
5. jene physikalischen Eigenschaften, die für den Chemiker von Interesse sind.

Die erste Beschreibung von Komplexen nach moderneren Gesichtspunkten stammt von N. V. SIDGWICK[1], der von 1923 ab schon früher von G. N. LEWIS eingeführte Vorstellungen weiterentwickelte und sie systematisch anwandte, um die damals bekannten Erscheinungen zu verstehen. Er konnte zeigen, daß die Existenz der Komplexe verstanden werden konnte, wenn jeder der Liganden, wie wir heute die peripheren Moleküle oder Ionen nennen, ein Elektronenpaar benützt, um es mit dem Metallatom oder -ion zu teilen und so Donor-Bindungen zum Metall auszubilden. Er nannte diese Bindungen koordinative Bindungen. Ein Hexamin-Komplex wurde folgendermaßen dargestellt:

$$
\left[
\begin{array}{ccc}
 & NH_3 & \\
H_3N\searrow & \downarrow & \swarrow NH_3 \\
 & Co & \\
H_3N\nearrow & \uparrow & \nwarrow NH_3 \\
 & NH_3 &
\end{array}
\right]
$$

Die kovalente Natur der Bindung erklärte, wie SIDGWICK meinte, die Stabilität und die festgelegte Stereochemie, die ALFRED WERNER schon an zahlreichen Beispielen aufgezeigt hatte.

---

[1] N. V. SIDGWICK: Electronic Theory of Valency. Oxford: 1927. Clarendon Press.

b) Paulings Theorien

Der nächste wichtige Schritt ist L. PAULING zu verdanken, der 1931 drei wichtige neue Ideen entwickelte.

Erstens erklärte er die stereochemischen Anordnungen, die beobachtet worden waren, mit Hilfe der Auffassung von der Orbitalhybridisierung. Diese ist in Kapitel 3 schon eingehend behandelt worden, aber die Folgerungen daraus mögen im folgenden noch einmal zusammengefaßt sein. Er konnte zeigen, daß durch die lineare Kombination von Atom-Wellenfunktionen des Wasserstofftyps Gruppen von Orbitalen gebildet werden können, die untereinander gleichwertig, aber verschieden orientiert sind. So kann ein s-Orbital mit drei p-Orbitalen zu vier unabhängigen, gleichwertigen Orbitalen, die nach den Achsen eines regulären Tetraeders ausgerichtet sind, vereinigt werden. Ein s-, drei p- und zwei d-Orbitale lassen sich zu einer Gruppe von Orbitalen kombinieren, die nach den Achsen eines Oktaeders ausgerichtet sind, während man durch die Kombination eines s-, zweier p- und eines d-Orbitals vier nach den Ecken eines Quadrates ausgerichtete Orbitale erhalten kann. Diese abgeleiteten Funktionen werden ebenso wie die ursprünglichen Wasserstoff-Funktionen oft so dargestellt, daß der von den polaren Winkeln ϑ und φ abhängige Teil der Gesamtfunktion wiedergegeben wird.

Zweitens schlug er vor, daß zwischen einigen Typen von Liganden und dem Metallatom oder -ion Doppelbindungen gebildet werden können (s. Kap. 5). Diese erlauben eine Elektronenverschiebung in Richtung vom Metall zum Liganden, so daß die negative Ladung am Metall-atom oder -ion vermindert werden kann. Andernfalls könnte diese Ladung nach SIDGWICKS Meinung unwahrscheinlich groß werden, z. B. würde das Eisen in $[Fe(CN)_6]^{4-}$ bis zu vier negative Ladungen erhalten, wenn jede Donor-Bindung eine negative Ladung überträgt und deshalb zu den zwei positiven Ladungen an Fe^{2+} von jedem der sechs Liganden eine negative Ladung hinzukäme. Doppelbindungen könnten die negative Ladung über eine Anzahl von Atomen ausbreiten oder delokalisieren und verhüten, daß sie sich an einem Atom ansammelt. Dieser Prozeß stabilisiert das System, abgesehen von der Wirkung irgendwelcher zusätzlicher Bindungsenergien (vgl. S. 70).

Drittens zeigte PAULING, wie die magnetischen Eigenschaften der Komplexe verwendet werden können, um die Natur der Bindung zwischen Ligand und Übergangsmetall in gewissen Fällen zu untersuchen. Er wies darauf hin, daß zwei Elektronen im gleichen Orbital gepaarte Spins haben, während Elektronen, die nicht gezwungen sind Orbitale paarweise zu besetzen, diese gewöhnlich nur halb auffüllen und dann ungepaarte Spins haben. Es ist deshalb durch die Messung der auf solche Spins zurückzuführenden magnetischen Effekte möglich zu untersuchen, wie die Elektronen verteilt sind, wieviele Orbitale sie besetzen können und deshalb möglicherweise, ob kovalente oder ionische Bindungen zwischen den Liganden und dem Metall bestehen. Zum Beispiel hat ein Eisen(III)-Komplex ein magnetisches Moment, das entweder einem großen Spin von fünf ungepaarten Elektronen oder einem kleinen Spin von nur einem ungepaarten Elektron entspricht. Diese Beobachtung zeigt, daß entweder alle fünf d-Orbitale zur Verfügung stehen bzw. daß nur drei d-Orbitale verwendbar sind. Aus dem letzteren Fall folgt der Schluß, daß zwei d-Orbitale mit Elektronen besetzt sind, die hybridisierten d^2sp^3-Orbitalen angehören. Die Elektronenverteilungen in den beiden Typen von Eisen(III)-Komplexen sind demnach wie folgt:

	$3d$					$4s$	$4p$			
[A]	1	1	1	1	1	–	–	–	–	großer Spin
[A]	2	2	1	2	2	2	2	2	2	kleiner Spin

[A] stellt die Elektronenschale des Argons dar. Die unterstrichenen Zahlen stehen für Elektronen, die zwischen dem Metallatom und den Liganden in hybridisierten Orbitalen vom σ-Typ verteilt sind. Der erste Fall entspricht einer ausschließlich ionischen Bindung zwischen Zentralatom und Liganden, der zweite Fall einer kovalenten Bindung. Da die Gesamt-Elektronenspins verschieden sind, scheint es, daß zwischen dem ionischen und kovalenten Zustand keine Resonanz zustande kommen kann. Dieses ist aber andererseits unwahrscheinlich, so daß man in diesem Punkt auf eine Schwierigkeit stößt.

Die obigen Vorstellungen erklären auch, weshalb Kobalt(III)-Komplexe mit kleinem Spin stabiler sind als Kobalt(II)-Komplexe mit der Elektronenkonfiguration

	$3d$					$4s$	$4p$			$5s$
Co^{2+} [A]	2	2	2	2	2	2	2	2	2	1

Diese Elektronenverteilung macht es verständlich, daß das Elektron in dem energetisch hohen $5s$-Orbital durch ein Oxydationsmittel leicht entfernt werden kann, um eine Kobalt(III)-Verbindung zu liefern.

Als die Fortschritte, zu denen diese neuen Ideen geführt hatten, untersucht und gefestigt waren, richtete sich das Augenmerk auf die Punkte, die nicht damit erklärt werden konnten. Diese älteren Theorien bieten keine Erklärung für die Spektren von Metallkomplexen noch für deren freie Bildungsenergien[1], [2]. Sie erlauben nicht vorauszusagen, ob ein Komplex mit der Koordinationszahl 4 tetraedrisch oder quadratisch eben gebaut sein wird. Sie machen keine quantitativen Aussagen über die freien Energien der Oxydations-Reduktions-Vorgänge und sie können sogar falsche qualitative Aussagen machen. Sie erlauben keine quantitativen Beziehungen von magnetischen Momenten abzuleiten, wenn größere Werte als die nur für den Elektronenspin erwarteten beobachtet werden.

Das Ion [CoCl$_4$]$^{2-}$ hat ein magnetisches Moment, das drei ungepaarten Elektronen entspricht und damit die Elektronenverteilung

	$3d$					$4s$	$4p$		
A	2	2	1	1	1	2	2	2	2

anzeigt. Das magnetische Moment führt so zu einer Erklärung der beobachteten tetraedrischen Konfiguration. [Cu(H$_2$O)$_4$]$^{2+}$ hat einen Spin, der

---

[1] R. S. Nyholm: Rapport présenté au Xe Conseil de l'Institut International de Chimie Solvay, Bruxelles, 1956.

[2] H. Hartmann: J. Inorg. Nucl. Chem. **8**, 64 (1958).

ebenfalls einer tetraedrischen Anordnung der Liganden entsprechen könnte

$$
\begin{array}{ccccccccc}
 & \multicolumn{5}{c}{3d} & 4s & \multicolumn{3}{c}{4p} \\
\text{A} & 2 & 2 & 2 & 2 & 1 & \underline{2} & \underline{2} & \underline{2} & \underline{2}
\end{array}
$$

Die Ligandenanordnung ist aber quadratisch eben, so daß die folgende Elektronenverteilung anzunehmen ist:

$$
\begin{array}{cccccccccc}
 & \multicolumn{4}{c}{3d} & & 4s & & 4p & \\
\text{A} & 2 & 2 & 2 & 2 & \underline{2} & \underline{2} & \underline{2} & \underline{2} & 1
\end{array}
$$

Aus dieser Elektronenverteilung könnte man entnehmen, daß leicht ein weiteres Elektron entfernt und Cu^{3+} gebildet werden könnte. Dies wiederum ist aber nicht der Fall.

Ein weiteres unbefriedigendes Ergebnis der Theorie liegt in einigen Fällen, wie z. B. bei den Eisen(III)-Komplexen darin, daß man entweder rein kovalente oder rein ionische Bindung annehmen muß. Es scheint aber unmöglich zu sein, daß eine der beiden extremen Formulierungen der Wirklichkeit entspricht.

Einigen dieser Schwierigkeiten wurde teilweise durch die Annahme begegnet[1], daß bei stark elektronegativen Liganden äußere, d. h. $4d$-Orbitale benützt werden. Die dann auftretende Elektronenverteilung erlaubt auch im Falle eines großen Spins kovalenten Charakter.

$$
\begin{array}{lcccccccccccl}
 & & \multicolumn{5}{c}{3d} & 4s & 4p & & & 4d & \\
\text{Eisen(III)-} & \text{A} & 1 & 1 & 1 & 1 & 1 & \underline{2} & \underline{2}\ \underline{2} & 2 & \underline{2} & \underline{2} & \text{großer Spin} \\
\text{Komplexe} & \text{A} & 2 & 2 & 1 & \underline{2} & \underline{2} & \underline{2} & \underline{2}\ \underline{2} & \underline{2} & & & \text{kleiner Spin}
\end{array}
$$

Für Kupfer(II)-Komplexe könnte die Elektronenkonfiguration

$$
\begin{array}{ccccccccc}
 & \multicolumn{5}{c}{3d} & 4s & 4p & 4d \\
\text{A} & 2 & 2 & 2 & 2 & 1 & \underline{2} & \underline{2}\ \underline{2} & \underline{2}
\end{array}
$$

in Frage kommen, die eine halbwegs befriedigende Erklärung für die ebene Struktur der Komplexe bietet.

Aus den Vorstellungen über die Elektronegativität, die relative Orbitalgröße, die Polarisierbarkeit in σ-Bindungen, die π-Bindung und die Resonanz oder Elektronendelokalisierung können wir manchmal relative Stabilitäten errechnen. Diese Rechnungen sind jedoch nur selten genau und verläßlich. Weitere Fortschritte wurden erst gemacht als die ganzen Theorien einer radikalen Durchsicht unterzogen wurden. Dieses begann etwa im Jahre 1951 mit einer Rückkehr zum einfachsten Modell für einen Komplex, nämlich dem Ionenagglomerat, in dem ein Zentralion von elektrischen Dipolen umgeben ist. Die grundlegenden Ideen sind schon zwanzig Jahre vorher von den Physikern J. H. VAN VLECK, R. SCHLAPP und W. G. PENNEY entwickelt und verwendet worden. Sie hatten jedoch wenig Einfluß auf die Chemiker bis H. HARTMANN[2] und seine Schule ihren Wert für die Interpretation der Spektren von Komplexen darlegten und

---

[1] D. P. CRAIG et al.: J. Chem. Soc. 332 (1954).
[2] H. HARTMANN: J. Inorg. Nucl. Chem. 8, 64 (1958).

L. E. Orgel[1], [2] zeigte, von wie großem Nutzen sie für die Erklärung der chemischen Eigenschaften sind. Im ganzen gesehen sind in den letzten 10 Jahren sehr bemerkenswerte Fortschritte gemacht worden.

c) Ligandenfeldtheorie

Ist ein regelmäßig oktaedrischer Komplex aus einem zentralen Kation und sechs um dieses angeordneten Anionen aufgebaut, so wird das Feld des Kations die Anionen polarisieren, während das kombinierte Feld der Anionen interessante Wirkungen auf das Kation ausübt, wenn dieses unvollständig besetzte d-Orbitale hat. Die fünf d-Orbitale haben alle verschiedene Winkelfunktionen $(\Theta\Phi)$. Es fallen aber drei davon in eine Gruppe und werden formal als t_{2g}-Orbitale bezeichnet, während die anderen beiden als e_g-Orbitale eine zweite Gruppe bilden. Die den beiden Gruppen angehörenden Orbitale sind in Abb. 54 graphisch dargestellt.

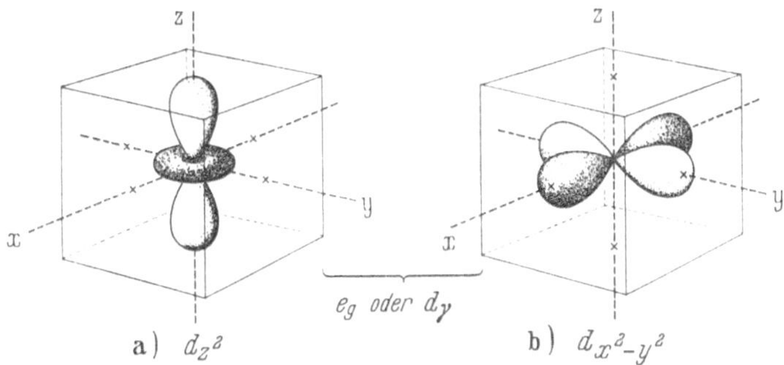

Die e_g-Orbitale, nämlich das d_{z^2}- und das $d_{x^2-y^2}$-Orbital sind nach den Achsen des Koordinatensystems ausgerichtet, auf denen die sechs anionischen Liganden liegen. Die t_{2g}-Orbitale zeigen nach den Mittelpunkten der Kanten eines Würfels, dessen vierzählige Achsen parallel zu den Achsen des Koordinatensystems verlaufen. Demzufolge werden Elektronen in e_g-Orbitalen durch die Anionen stärker als solche in t_{2g}-Orbitalen abgestoßen. Die Entartung von d-Orbitalen im freien Atom ist damit beseitigt; die t_{2g}-Orbitale werden stabiler als die e_g-Orbitale, und zwar um einen Betrag, der mit 10 D_q bezeichnet wird. Die Entartung der d-Orbitale im oktaedrischen Feld ist in Abb. 55 a dargestellt.

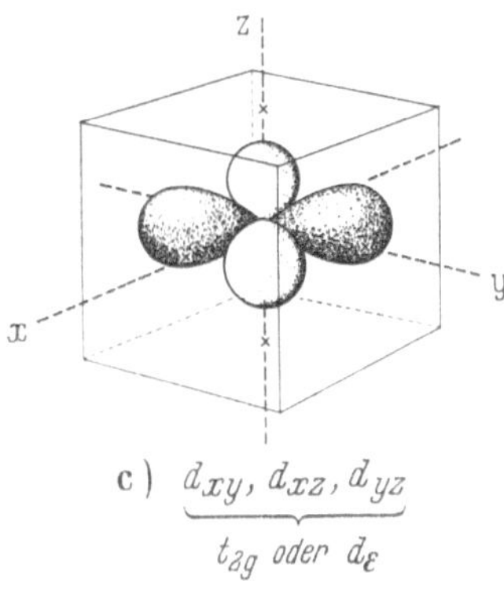

Abb. 54 a-c. Die zwei Klassen von d-Orbitalen, a) und b) die e_g- oder d_γ-Orbitale, c) die t_{2g}- oder d_ε-Orbitale

---

[1] L. E. Orgel: Report to the Xth Council of the Solvay International Institute for Chemistry, Brussels, 1956.

[2] J. S. Griffith u. L. E. Orgel: Quart. Rev. **11**, 381 (1957).

Die gegenteilige Art der Aufspaltung erfolgt im Feld von vier anionischen Liganden, die tetraedrisch um das zentrale Kation gelagert sind, d. h. die an jeder zweiten Ecke eines Würfel sitzen. Die sich in den e_g-Orbitalen aufhaltenden Elektronen sind jetzt nämlich weiter von den Liganden entfernt als jene in t_{2g}-Orbitalen (vgl. Abb. 55 b). Die tetra-

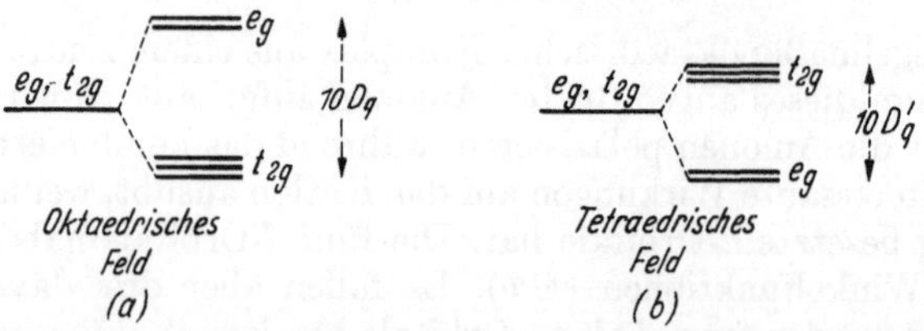

Abb. 55 a u. b. Energieniveau-Schema, das die Aufhebung der Entartung der Orbitale durch a) ein oktaedrisches Feld, b) ein tetraedrisches Feld zeigt

edrische Aufspaltung $10\,D'_q$ ist kleiner als die oktaedrische Aufspaltung $10\,D_q$. $10\,D'_q$ beträgt nur etwa ein halb bis zwei Drittel von $10\,D_q$[1], da anstelle von sechs nur vier Liganden vorhanden sind und diese nur an jeder zweiten Ecke eines Würfels sitzen, während sich bei der oktaedrischen Anordnung auf jeder Achse ein Ligand befindet. Die Beziehung zwischen entweder D_q oder D'_q und der Natur des Liganden soll hier einer späteren Erörterung vorbehalten bleiben.

In weniger regelmäßigen Feldern findet eine weitere Aufspaltung statt.

Wenn die 5 d-Orbitale mit weniger als 10 Elektronen besetzt werden, gibt es offensichtlich eine Auswahl möglicher Verteilungen und wir haben zu betrachten, durch welche Faktoren diese bestimmt ist. Die Elektronen werden durch zwei Arten von Wechselwirkungen veranlaßt, sich auf so viele Orbitale wie möglich zu verteilen. Die eine ist die einfache elektrostatische Abstoßung, welche zwischen zwei Elektronen, die das gleiche Orbital besetzen, größer ist als zwischen zwei Elektronen in verschiedenen Orbitalen. Die andere ist die sog. Austausch-Wechselwirkung, die zwischen Elektronen mit entgegengesetztem Spin gleich null ist, die aber zwischen Elektronen mit parallelem Spin negativ ist, d. h. Stabilisierung bewirkt.

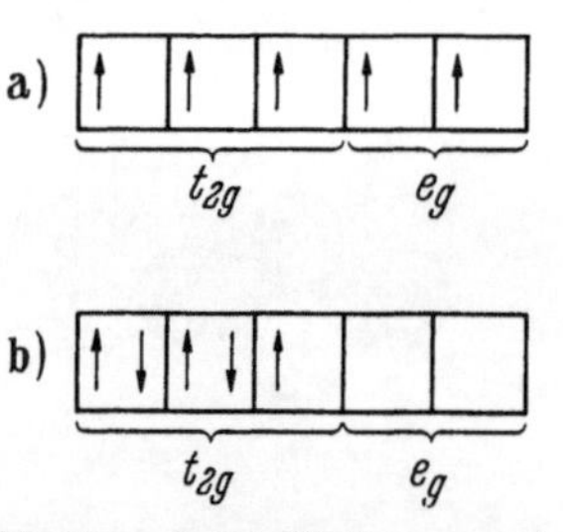

Abb. 56 a u. b. Die Elektronenverteilung in d^5-Elektronenkonfigurationen mit a) großem Spin und b) kleinem Spin

Die Abhängigkeit dieser Austauschenergie von der Verteilung der Elektronen unter den Orbitalen kann folgendermaßen illustriert werden. In der in Abb. 56 a dargestellten d^5-Konfiguration mit großem Spin, d. h. in der Konfiguration, in der alle Spins parallel sind (engl. high spin configuration), $(t_{2g}a)^3(e_g a)^2$ gibt es $\frac{5 \cdot 4}{1 \cdot 2} = 10$ Paare, die in Wechselwirkung treten. In der Konfiguration mit kleinem Spin (engl. low spin configuration), d. h. in der Konfiguration, wo die Elektronen so weit wie möglich gepaart sind und wie

[1] L. E. Orgel: J. Chem. Phys. 23, 1004 (1955).

sie in Abb. 56 b gezeigt ist, $(t_{2g}\alpha)^3(t_{2g}\beta)^2$, gibt es dagegen nur$\frac{3\cdot 2}{2\cdot 1}+\frac{1\cdot 2}{1\cdot 2}=$
$= 4$ in Wechselwirkung tretende Paare. Der Zustand mit großem Spin ist gegenüber dem Zustand mit kleinem Spin mit 6 Wechselwirkungseinheiten Π_e stabilisiert.

In der d^6-Konfiguration mit großem Spin $(t_{2g}\alpha)^3(t_{2g}\beta)^1(e_g\alpha)^2$ gibt es wieder $\frac{5\cdot 4}{1\cdot 2} = 10$ Spin-Wechselwirkungen und im Zustand mit kleinem Spin $(t_{2g}\alpha)^3(t_{2g}\beta)^3$ $2\cdot\frac{3\cdot 2}{2\cdot 1} = 6$ in Wechselwirkung tretende Paare. Die Stabilisierung des Zustandes mit großem Spin gegenüber dem mit kleinem Spin beträgt demnach 4 Π_e.

Die elektrostatische Abstoßungsenergie hängt von der Zahl der Elektronenpaare ab und beträgt Π_c pro Paar.

Die Aufspaltung der t_{2g}- und e_g-Orbitale durch das oktaedrische Ligandenfeld begünstigt die Besetzung der ersteren mehr als die der letzteren. Das Ligandenfeld kann so Elektronen in die t_{2g}-Orbitale pressen und die Paarung von Elektronenspins erzwingen. Es stabilisiert den Zustand mit dem kleinen Spin relativ zum Zustand mit großem Spin. So ist die Energie im Ligandenfeld für den d^4-Zustand mit einer Konfiguration $(t_{2g})^3(e_g)^1$ $10\,D_q$ größer als für die Konfiguration $(t_{2g})^4$ und für die d^5-Zustandskonfigurationen $(t_{2g})^3(e_g)^2$ und $(t_{2g})^5$ beträgt die Differenz $20\,D_q$. Diese Faktoren sind in Tabelle 9 zusammengestellt.

Tatsächlich gibt es jeweils nur eine Auswahl von Elektronen-Konfigurationen für die d^4-, d^5-, d^6- und d^7-Zustände, weil sich in den d^1-, d^2- und d^3-Zuständen die t_{2g}-Orbitale eines nach dem anderen füllen und in den d^8-, d^9- und d^{10}-Zuständen die drei t_{2g}-Orbitale gefüllt sein müssen, so daß die unbesetzten Stellen bei den e_g-Orbitalen vorkommen, gleichgültig ob das Ligandenfeld stark oder schwach ist. So erhalten wir die in Tabelle 9 enthaltenen resultierenden Spins. Welche Elektronenkonfiguration und welcher Spin von einem gegebenen d^n-Zustand angenommen wird, hängt davon ab, ob die Differenz zwischen den Ligandenfeldwirkungen für die Zustände mit großem und kleinem Spin größer oder geringer als die Differenz zwischen den Elektronen-Abstoßungen ist.

Es wird sofort klar, daß der d^5-Zustand die Tendenz haben wird, die Konfiguration mit großem Spin anzunehmen, weil der Unterschied der Elektronen-Austauschenergie von 6 Π_e zwischen ihr und der Konfiguration mit kleinem Spin größer ist als für irgendeinen anderen Zustand. Es ist weiter klar, daß eine gegebene Ligandenfeld-Aufspaltung D_q im d^6-Zustand leichter eine Konfiguration mit kleinem Spin bewirken kann als im d^5-Zustand, weil zwar der Feldenergie-Unterschied und der Unterschied der elektrostatischen Elektronenabstoßungsenergien in beiden Fällen gleich sind, der Elektronenspin-Energieunterschied im d^6-Zustand aber geringer ist als im d^5-Zustand, nämlich im ersteren 4 Π_e und im letzteren 6 Π_e beträgt. Andere Beziehungen dieser Art können in gleicher Weise abgeleitet werden.

ORGEL[1] wandte diese Ideen früh an, um die Beziehungen zwischen den Bildungswärmen der Hydrate der ersten Reihe der Übergangsmetall-Ionen

---

[1] L. E. ORGEL: J. Chem. Soc. 4756 (1952).

Tabelle 9

Elektronenverteilung in Orbitalen vom e_g- und t_{2g}-Typ und die zugeordneten Energien

Zahl der Elektronen		1	2	3	4 gr. Spin	4 kl. Spin	5 gr. Spin	5 kl. Spin	6 gr. Spin	6 kl. Spin	7 gr. Spin	7 kl. Spin	8	9	10
Elektronenverteilung	e_g	–	–	–	1	–	2	–	2	–	2	1	2	3	4
	t_{2g}	1	2	3	3	4	3	5	4	6	5	6	6	6	6
Resultierende Spins		1	2	3	4	2	5	1	4	0	3	1	2	1	0
Spin-Austausch-Wechselwirkung in Π_e-Einheiten		0	– 1	– 3	– 6	– 3	–10	– 4	–10	– 6	–11	– 9	–13	–16	–20
Elektrostatische Elektronen-Abstoßung in Π_c-Einheiten		0	0	0	0	+ 1	0	+ 2	+ 1	+ 3	+ 2	+ 3	+ 3	+ 4	+ 5
Energie* im Ligandenfeld in D_q-Einheiten		– 4	– 8	–12	– 6	–16	0	–20	– 4	–24	– 8	–18	–12	– 6	0

* Als Null-Linie der Energie ist die statist. Besetzung der drei t_{2g}- und der zwei e_g-Orbitale durch ein Elektron angenommen. Wie auf Seite 91 gezeigt wird, ist die Energie eines Elektrons, das sich in einem t_{2g}-Orbital aufhält, dann —4 D_q und die eines Elektrons in einem e_g-Orbital +6 D_q.

zu erklären. Gemäß dem einfachsten Modell für ein hydratisiertes Ion könnte seine Bildungswärme aus den elektrostatischen Annäherungsenergien der polaren Liganden an das Zentralatom und den Abstoßungsenergien zwischen den Liganden errechnet werden. Für die zweiwertigen Ionen würde man erwarten, daß diese in der gleichen Weise variieren wie die Energien des Ionisierungsproeszess

$$M\,(3d)^n(4s)^2 \to M^{++}\,(3d)^n + 2e,$$

weil diese ein Maß für die effektiven Felder der Ionen sind. Sie sind nicht gleich der Summe der gewöhnlichen ersten und zweiten Ionisierungs-potentiale, können aber abgeschätzt werden. Diese Ionisierungsenergien steigen langsam mit zunehmender Kernladungszahl der Übergangs-metalle von Ti^{++} nach Zn^{++} an, nicht aber die beobachteten Hydratationswärmen. Die Kurve der letzteren (Abb. 57) zeigt vielmehr zwei Maxima und eine Mulde für Mangan. ORGEL schrieb diese Abweichungen der Ligandenfeldstabilisierung zu. Seine Berechnungen beruhen auf folgenden Überlegungen. Wenn sich die d-Elektronen frei über alle d-Orbitale verteilen könnten, würde jedes $3/5$ seiner Zeit in einem t_{2g}-Orbital und $2/5$ der Zeit in einem e_g-Orbital zubringen, da sie ja alle entartet sind. Das d-Elektron hätte dann eine Durchschnittsenergie von $4\,D_q$, wenn die t_{2g}-Orbitalenergie als Basislinie verwendet würde. Gewöhnlich wird aber

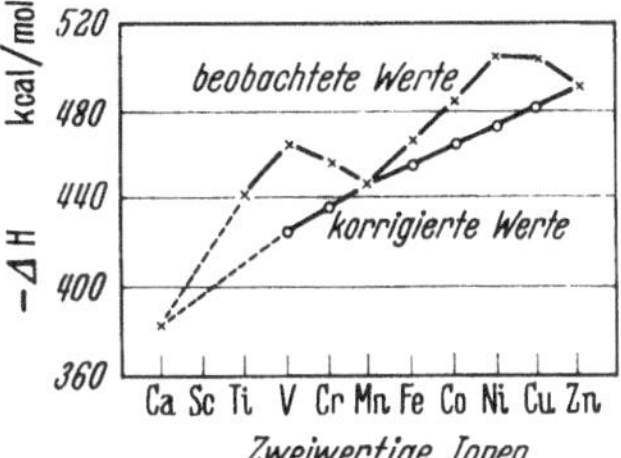

Abb. 57. Hydratationswärmen zweiwertiger Ionen der Elemente der ersten langen Periode nach GRIFFITH u. ORGEL

die Durchschnittsenergie als Null-Linie angesehen und so einem Elektron in einem t_{2g}-Orbital die Energie $-4\,D_q$ und einem Elektron in einem e_g-Orbital die Energie $+6\,D_q$ zugeschrieben. Aus solchen Betrachtungen sehen wir nun, daß die letzte Reihe der Tabelle 9 die Stabilisierungsenergien der verschiedenen festgelegten Elektronenverteilungen relativ zur „Durchschnittsverteilung" wiedergibt. Die Ergebnisse sind in Tabelle 10 noch einmal zusammengefaßt. Das Ligandenfeld verursacht also, wie wir gesehen haben, eine ganz bestimmte Elektronenverteilung, entweder mit großem oder kleinem Spin, je nach dem Gewicht der oben genannten Faktoren.

Tabelle 10

Die Ligandenfeldstabilisierungs-Energien für oktaedrische Komplexe mit großem und kleinem Spin

Zahl der d-Elektronen	1	2	3	4	5	6	7	8	9	10
Stabilisierungs-Energie in D_q-Einheiten										
großer Spin	4	8	12	6	0	4	8	12	6	0
kleiner Spin				16	20	24	18			

Da die Hydrate Komplexe mit großem Spin sind, sind die Elektronen-Abstoßungsenergien die gleichen wie in den freien Atomen, so daß sie sich bei der Annäherung der Liganden an das Zentralatom nicht ändern, wohingegen D_q sich ändert.

D_q kann nun aus den Spektren der Hydrate ermittelt werden; denn $d - d$-Übergänge mit der Anregung eines t_{2g}-Orbitals nach einem e_g-Orbital kommen vor (10 D_q beträgt ungefähr 30 kcal). Somit können mit Hilfe der Tabelle 10 und den individuellen D_q-Werten die Wirkungen der Ligandenfeldstabilisierungen der d-Elektronen des Zentralatoms auf die Bildungswärmen errechnet und von den beobachteten Werten subtrahiert werden, um die verbleibende reine elektrostatische Energie zu erhalten. Diese steigt langsam von Ti^{2+} nach Zn^{2+} an, wie es zu erwarten ist. Damit ist die Theorie gestützt. D_q variiert mit einem Wechsel des Metallions, bei gleicher Ladung, für einen gegebenen Liganden nur langsam. So genügen die oben genannten Zahlen für die Stabilisierung der Zustände mit großem Spin tatsächlich, um die Existenz der beiden Maxima in der unkorrigierten Kurve der Bildungswärmen in Abhängigkeit von der Kernladungszahl zu zeigen.

Die einzige noch verbleibende bemerkenswerte Anomalie ist die immer noch zu große Energie des hydratisierten Cu^{++}-Ions. Diese ist auf den Jahn-Teller-Effekt zurückzuführen und wird später diskutiert werden.

Die Behandlung kann auf andere Liganden angewendet werden, besonders auf Amine. Soweit die Daten bekannt sind, wie z. B. für die Äthylendiaminkomplexe, können sie gut verstanden werden.

In ähnlicher Weise lassen sich die Komplexe dreiwertiger Ionen behandeln. Man gelangt auch hier wieder zu vernünftigen Ergebnissen. Für die Hydrate dreiwertiger Ionen beträgt 10 D_q ungefähr 60 kcal, d. h. ist ungefähr zweimal so groß wie für zweiwertige Ionen. Auch die Gitterenergien von zweiwertigen und dreiwertigen Halogeniden, die ähnliche Regelmäßigkeiten aufweisen, lassen sich verstehen. Ein gegebener Ligand ergibt bei zwei- und dreiwertigen Ionen meist verschiedene Ligandenfeldstabilisierungen, weil in den letzteren ein Elektron weniger in einem d-Orbital untergebracht werden muß und außerdem weil D_q für die beiden Ionen verschieden ist. Die Konsequenzen der verschiedenen Lokalisierungsprobleme sind von Element zu Element verschieden, die D_q-Werte variieren von Ligand zu Ligand. Untersucht man die ziemlich komplizierten Unterschiede in der Stabilisierung für zwei verschieden geladene Ionen eines gegebenen Elements, die durch eine Reihe von Liganden verursacht werden, so läßt sich die Wirkung der Liganden auf das Redoxpotential verstehen.

D_q hängt in starkem Maße von den Liganden ab. Sein Wert kann quantitativ aus dem Spektrum eines Komplexes ermittelt werden. Für solche Ionen, die die Möglichkeit haben, entweder einen Zustand mit großem Spin oder einen solchen mit kleinem Spin anzunehmen, kann D_q qualitativ aus dem beobachteten Spinzustand geschätzt werden. Für die häufiger vorkommenden Liganden nimmt die Ligandenfeldstärke in der Reihenfolge zu:

$J^- <$ $Br^- <$ $Cl^- <$ $F^- <$ $H_2O <$ $C_2O_4^{--} <$ Pyridin $<$ $NH_3 <$ Äthylendiamin $<$ $NO_2 <$ CN^-.

Dies erklärt beispielsweise, weshalb $[Fe(H_2O)_6]^{3+}$ einen großen Spin,

[Fe(CN)$_6$]$^{3-}$ einen kleinen Spin hat. Nach der Ansicht von PAULING würde, wie wir gesehen haben, die Verbindung mit großem Spin als ionisch bzw. die Verbindung mit kleinem Spin als kovalent bezeichnet werden. Das Feld, das von einem Liganden hervorgerufen wird, ist offensichtlich nicht nur von seiner Ladung und seiner Größe abhängig, sondern es scheint außerdem die Polarisierbarkeit sehr wichtig zu sein. Hier berühren sich deshalb die Vorstellungen der alten und der neuen Theorien, denn „Polarisation" eines Anions durch ein Kation kann als eine Mischung von etwas kovalentem und etwas ionischem Charakter interpretiert werden. So könnte ein starker Ligand, d. h. ein Ligand der ein starkes Ligandenfeld hervorruft und einen Zustand mit kleinem Spin begünstigt, da er stärker polarisierbar ist, in PAULINGS Ausdrucksweise auch als mehr kovalent gebunden betrachtet werden. Es mag hier daran erinnert sein, daß kovalente Bindung einen Zustand mit kleinem Spin verlangt.

Nach PAULINGS Theorie können zwischen Liganden wie CN$^-$ und vielen Übergangsmetallionen Doppelbindungen ausgebildet werden. Dies wiederum findet in der Ligandenfeldtheorie keinen entsprechenden Ausdruck. Wie wir jedoch noch sehen werden, kann sich die MO-Behandlung damit befassen.

Es wurde oben bemerkt, daß die Kupfer(II)-Komplexe anormal stabil sind, auch wenn für einfache Ligandenfeldstabilisierung eine Korrektur angebracht worden ist. Eine weitere Anomalie weisen sie darin auf, daß sie dazu neigen, eine unregelmäßige oktaedrische Anordnung der Liganden zu haben, in der sich 4 Liganden an den Ecken eines Quadrates nahe beim Cu^{++}-Ion und die anderen beiden auf der senkrecht darauf stehenden Achse in etwas größerem Abstand vom Cu^{++}-Ion befinden[1].

Eine Erklärung dieser Tatsachen liefert die Jahn-Teller-Theorie, die besagt, daß wenn es eine Entartung gibt, weil ein d-Orbital mit einem Elektronenpaar gefüllt ist, während ein anderes mit gleicher Energie nur halb gefüllt ist, durch eine diese Entartung aufhebende Veränderung der Geometrie ein stabilerer Zustand erreicht werden kann. Eine solche Entartung findet sich in Cu^{++}, da die möglichen Elektronenkonfigurationen $(t_{2g})^6(d_{z^2})^2(d_{x^2-y^2})^1$ oder $(t_{2g})^6(d_{z^2})^1(d_{x^2-y^2})^2$ sind. Nun sind die d_{z^2}- und die $d_{x^2-y^2}$-Orbitale, wie wir früher gesehen haben, nach den Achsen eines Oktaeders ausgerichtet, d_{z^2} ist in Richtung der Achsen $+ z$ und $- z$ orientiert, $d_{x^2-y^2}$ entlang den Achsen $+ x$, $+ y$, $- x$ und $- y$. Wenn wir annehmen, daß sich die vier Liganden in der xy-Ebene nach dem Ion hin bewegen, während sich die beiden auf der z-Achse befindlichen Liganden davon entfernen, dann wird das $d_{x^2-y^2}$-Orbital destabilisiert, das d_{z^2}-Orbital aber stabilisiert. Wenn nun zwei Elektronen das d_{z^2}-Orbital besetzen und nur eines im $d_{x^2-y^2}$-Orbital bleibt, resultiert ein stabileres System, als wenn keine Verzerrung des regelmäßigen Oktaeders eingetreten wäre. Auch die Verzerrung in der anderen Richtung, wobei sich die Elektronen in der xy-Ebene vom Zentralion entfernen, während sich die auf der z-Achse befindlichen nähern, kann eine Stabilisierung bewirken. Doch

---

[1] L. E. ORGEL u. J. D. DUNITZ: Nature **179**, 462 (1957).

scheint die zuerst beschriebene Verzerrung die wirksamere zu sein. Eine solche Verzerrung kann jedoch, obwohl sie das Zentralion stabilisiert, durch den Verlust von Liganden-Annäherungsenergie destabilisierend wirken. In einem freien Molekül könnte jede der drei Achsen reihum die „lange“ sein, was zu einer besonderen Schwingung Anlaß geben würde. Im Kristall ist diese Schwingung jedoch mit der Elongation in Richtung einer besonderen Achse eingefroren. Die zahlreichen kristallographischen Beobachtungen an Kupfer(II)-Komplexen können auf diese Weise erklärt werden. Ähnliche, wenn auch weniger stark ausgeprägte Effekte sind für Mn(III)-[1] und Cr(II)-Komplexe[2] beobachtet worden, wo ein Elektron jedes der beiden e_g-Orbitale besetzen kann.

Wenn wir annehmen, daß die vier Liganden in der xy-Ebene sich dem Zentralion noch mehr nähern, während sich die Liganden auf der z-Achse unendlich weit entfernen und somit ein quadratisch ebener Komplex entsteht, so würden das $d_{x^2-y^2}$-Orbital und ebenso, wenn auch in geringerem Maße, das d_{xy}-Orbital noch mehr destabilisiert werden, während das d_{z^2}-Orbital eine Stabilisierung erfahren würde. Die Folge der Energieniveaus-Wechsel würde deshalb qualitativ so sein, wie es in Abb. 58 dargestellt ist.

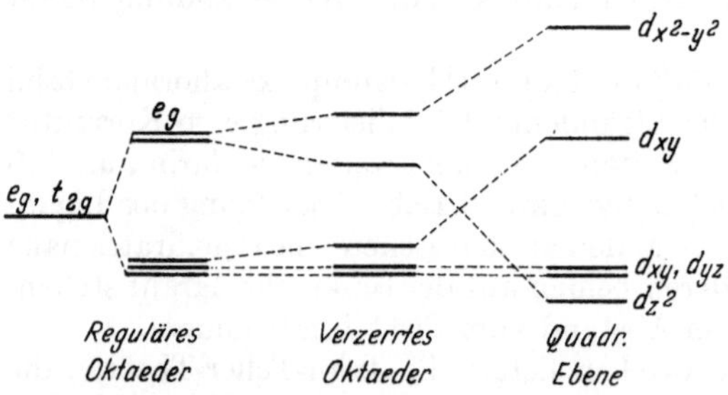

Abb. 58. Aufspaltung der den e_g- und t_{2g}-Orbitalen entsprechenden Energieniveaus im verzerrtoktaedrischen und quadratisch-ebenen Ligandenfeld

In solch ebenen Komplexen ist die elektrostatische Annäherungsenergie zweier Liganden verloren. Nun hat Cu^{++} neun Elektronen, d. h. eines müßte in dem $d_{x^2-y^2}$-Orbital untergebracht werden. Es ist deshalb unwahrscheinlich, daß dieses Ion solche quadratisch ebenen Komplexe bildet, wenn man von besonderen Liganden wie Phthalocyanin absieht. Ni^{++} mit nur acht Elektronen ist eher dazu imstande. Mit starken Feldliganden wird die Aufspaltung groß sein, so daß solche Komplexe um so leichter gebildet werden; die Elektronen werden sich in den vier niedrigsten Orbitalen aufhalten und die Komplexe werden diamagnetisch sein. Mit schwachen Feldliganden ist die Aufspaltung jedoch geringer, so daß sich die Elektronen über alle fünf Orbitale verteilen und die Komplexe paramagnetisch sein können, obwohl sie eben gebaut sind.

Wenn die Ligandenfeld-Stabilisierungsenergie der einzige bestimmende Faktor wäre, würden vierfach koordinierte Komplexe nicht tetraedrisch werden, wenn nicht diese Energie für die tetraedrische Konfiguration größer als für die ebene wäre[3].

---

[1] M. S. Hepworth und K. H. Jack: Acta Crys. 1957.

[2] Orgel weist darauf hin, daß Chrom als einziges zweiwertiges Ion ein diamagnetisches Acetat bildet, das mit den Kupfer(II)-Verbindungen isomorph ist.

[3] N. S. Gill, R. S. Nyholm und P. Pauling weisen darauf hin, daß andere Faktoren zumindest von vergleichbarer Wichtigkeit zu sein scheinen [Nature, **182**, 168 (1958)].

Diese Energien für tetraedrische Felder, die in ähnlicher Weise wie jene in Tabelle 10 erhalten werden, sind in Tabelle 11 verzeichnet.

Tabelle 11

Die Ligandenfeldstabilisierungsenergien für tetraedrische Komplexe mit großem und kleinem Spin

Zahl der Elektonen	1	2	3	4	5	6	7	8	9	10
Stabilisierungs-Energie in D'_q-Einheiten										
großer Spin	6	12	8	4	0	6	12	8	4	0
kleiner Spin			18	24	20	16				

Der Vergleich mit Tabelle 10 zeigt, daß für den besonderen Fall des Ions Ni^{++} mit acht Elektronen die Stabilisierung selbst dann, wenn $D_q = D'_q$ ist, für den oktaedrischen Komplex größer ist als für den tetraedrischen[1]. Einige sehr grobe Schätzungen zeigen, daß sie für den quadratisch ebenen Komplex noch wesentlich größer wäre[2]. Wenn das Feld deshalb für einen schwachen Feldliganden so sehr abfällt, daß die quadratisch ebene Konfiguration ihre besondere Stabilität verliert, ist es wahrscheinlicher, daß der $[NiX_4]^{2-}$-Komplex durch Polymerisation eine oktaedrische Koordination zu erreichen sucht, als daß er tetraedrisch wird[3].

Bei tetraedrischen Ni^{2+}-Komplexen, die mit Sicherheit bekannt sind (Nickelchromit oder $[(C_6H_5)_3P]_2NiJ_2$) scheint diese Konfiguration durch die sterischen Erfordernisse der Liganden erzwungen zu sein.

Andere Schlüsse, die das Bildungsvermögen tetraedrischer Komplexe betreffen, können aus den Tabellen 10, 11 und 12 gezogen werden. So sieht man z. B. daß Zn^{2+}-, Fe^{3+}- oder Tl^{3+}-Ionen, die alle entweder fünf oder zehn Elektronen in d-Orbitalen haben, leichter tetraedrische Ionen bilden sollten als andere zwei- oder dreiwertige Ionen. Dies ist richtig für

---

[1] Wenn $D_q = 2D'_q$ ist, können wir die oktaedrischen und die tetraedrischen Zustände mit großem Spin vergleichen, indem wir die Ligandenfeld-Stabilisierungsenergien für den tetraedrischen Zustand aus Tabelle 11 entnehmen und jene für den oktaedrischen Zustand aus Tabelle 10 wie folgt schreiben:

Tabelle 12

Vergleich der Stabilisierungsenergien in oktaedrischen und tetraedrischen Ligandenfeldern

Zahl der Elektronen	1	2	3	4	5	6	7	8	9	10
Energie in D'_q-Einheiten										
okt. gr. Spin	8	16	24	12	0	8	16	24	12	0
tetr. gr. Spin	6	12	8	4	0	6	12	8	4	0
Oktaedr.–tetraedr. Stabilisierungsdifferenz in D'_q-Einheiten	2	4	16	8	0	2	4	16	8	0

[2] Wenn die $[(d_{xz}, d_{yz}, d_{z^2}) - d_{xy}]$-Aufspaltung und die $[d_{xy} - d_{x^2-y^2}]$-Aufspaltung jeweils zu $10 D_q$ angenommen werden, ist die Stabilisierung $28 D_q$.

[3] L. M. VENANZI: J. Chem. Soc., 719 (1958).

die d⁵-Fälle mit großem Spin, da es weder für oktaedrische noch tetraedrische Komplexe Ligandenfeldstabilisierung gibt. Dagegen ist für alle nicht zur Gruppe der d^5- oder d^{10}-Ionen gehörenden Ionen die oktaedrische Stabilisierung größer als die tetraedrische. Die tetraedrische Stabilisierungsenergie ist am größten für Ionen mit 2 oder 7 d-Elektronen im Falle der Zustände mit großem Spin und für Ionen mit 4 d-Elektronen in den Fällen mit kleinem Spin (vgl. Tabelle 11), so daß Ionen wie Ti^{2+}, V^{3+}, Co^{2+} (großer Spin) und Cr^{2+} (kleiner Spin) auch dazu neigen können, tetraedrische Komplexe zu bilden.

Der Jahn-Teller-Effekt könnte auch in tetraedrischen Komplexen, z. B. des Ni^{2+} auftreten, in denen durch die vollkommene Besetzung von zweien der drei oberen t_{2g}-Orbitale dreifache Entartung entstehen würde. Diese könnte durch Streckung oder durch Abflachung eines Tetraeders in Richtung einer der zweizähligen Symmetrieachsen, was zu einer D_{2d}- oder C_{2v}-Symmetrie des Komplexes führen würde, aufgehoben werden. Die Energieniveaus werden in der in Abb. 59 gezeigten Weise so verändert, daß die zwei obersten Orbitale je ein Elektron enthalten würden und der Komplex paramagnetisch bliebe.

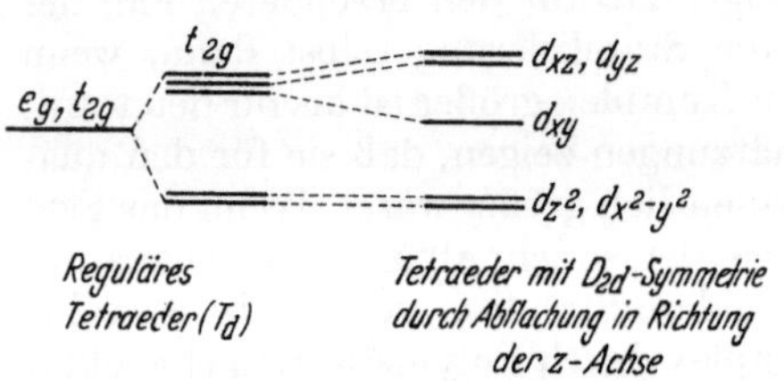

Abb. 59. Aufspaltung der den t_{2g}-Orbitalen entsprechenden Energieniveaus im tetraedrischen Feld mit D_{2d}-Symmetrie

Bevor wir fortfahren, verfeinerte Theorien zu betrachten, wollen wir sehen, welche Gewinne uns die einfache Ligandenfeldtheorie bis jetzt gebracht hat. Diese sind hauptsächlich ein besseres Verständnis der Spektren und der Stabilitäten von Komplexen und die Möglichkeit aus der neuen Beziehung zwischen diesen halbempirische Stabilitätsberechnungen durchzuführen und weiter ein besseres Verständnis der Gründe der Stereochemie und der Beziehung zwischen ihr und den magnetischen Eigenschaften.

Es soll hier auch betrachtet werden, in welchem Ausmaß die Ligandenfeldtheorie und die Sidgwick-Paulingsche Valenzbindungstheorie übereinstimmen oder sich widersprechen. Die Valenzbindungstheorie besagt, daß die Bindung immer dann, wenn es mehr als drei Elektronen in einem oktaedrischen Komplex mit großem Spin oder mehr als sechs in einem oktaedrischen Komplex mit kleinem Spin gibt, ionisch ist. Denn die Theorie nimmt an, daß beide e_g-Orbitale für oktaedrische kovalente Bindungen notwendig sind. Sind daher eines oder beide Orbitale durch nichtbindende Elektronen besetzt, so kann es keine kovalente Bindung geben. Wenn es vier solcher Elektronen in den e_g-Orbitalen gäbe, wäre wieder die Möglichkeit der kovalenten Bindung durch die Verwendung von sechs Orbitalen der äußeren Schale gegeben. Dieser Fall kann in Komplexen der höheren Übergangsmetalle eintreten. In den Übergangsmetallen mit kleineren Kernladungszahlen sind die äußeren Orbitale aber wahrscheinlich zu dispers und von zu hoher Energie, um für die Bindung Bedeutung zu erlangen.

Die Ligandenfeldtheorie erfordert keine solchen plötzlichen Änderungen. Sie läßt die Möglichkeit der Polarisation zu und führt damit ein gewisses Maß an Kovalenz ein. Weiter berühren sich die beiden Theorien darin, daß die Abwesenheit von Elektronen in den e_g-Orbitalen verringerte Abschirmung der Liganden durch das Zentralion und damit größere Polarisation bedeutet. Nach der Ligandenfeldtheorie nimmt die Bedeutung der d-Orbitale für die Bindung mit zunehmender Zahl der Elektronen in e_g-Orbitalen allmählich ab.

d) Molekülorbital-Methode

Es wurde oben erwähnt, daß die *einfache* Ligandenfeldtheorie ungenügend ist, da sie die relativen Ligandenstärken nicht ausreichend zu erklären vermag und die Doppelbindungen zwischen Zentralion und Ligand nicht in Rechnung setzen kann. Weiterhin gibt sie nur wenig Auskunft über Anregungszustände, bei denen die Ladung vom Metallion auf den Liganden übertragen wird oder umgekehrt. Daß Doppelbindungen mit der daraus folgenden Delokalisierung von Elektronen tatsächlich eine Rolle spielen, ist durch Untersuchungen mit Hilfe der Elektronenresonanz-Spektroskopie direkt gezeigt worden[1]. Auch die sehr große Stabilität gewisser Komplexe mit Liganden, wie z. B. Pyridin, die mit dem Zentralion in Konjugation treten können, steht damit im Einklang. Aus diesem Grunde wurde durch die Anwendung der Molekülorbital-Methode auf dieses Problem eine ausführliche Theorie entwickelt.

Es ist in diesem Zusammenhang notwendig, zunächst für die Liganden als eine Gruppe vereinigte Orbitale zu bilden und dann durch Kombination dieser mit den Atomorbitalen des Metallions, den Symmetrien entsprechend, bindende und lockernde Orbitale herzustellen. Nachdem dies getan ist, werden die zur Verfügung stehenden Elektronen nacheinander in Orbitale von zunehmender Energie gebracht, wobei auf die Effekte der Wechselwirkungen zwischen den Elektronen geachtet werden muß (s. S. 88). Nun können die Ergebnisse dieser Prozesse untersucht werden. Dazu ist es notwendig die Bildung der Molekülorbitale etwas eingehender zu betrachten und die notwendige Notation zu definieren.

Die aus der Gruppentheorie stammende Notation für die Symmetrie der Orbitale muß hier ohne weitere Erklärung eingeführt werden. Man schreibt z. B. a_{1g} für die s-Orbitale oder für Orbitale vom σ-Typ, t_{1u} für die p-Orbitale oder Orbitale vom π-Typ (g bedeutet gerade Funktion, d. h. σ- oder δ-Typ; u bedeutet ungerade Funktion, d. h. π-Typ). Die Atomorbitale des Metalls werden mit φ_{4s}, φ_{4p_x}, $\varphi_{3d_z^3}$ usw. bezeichnet, wobei die tiefgestellten Zahlen und Buchstaben den Typ des Orbitals angeben und die Indizes x, z usw. wo nötig degenerierte Funktionen unterscheiden. Metallorbitale außerhalb der $4p$-Bahnen werden vernachlässigt. Die vereinigten Ligandenfunktionen, die aus den einzelnen σ-Funktionen gebildet sind, werden mit $\chi_{a_{1g}}$ usw. bezeichnet, wobei die Gruppentheorie-Symbole die Symmetrie anzeigen. Ist ein Orbital degeneriert, so wird

---

[1] J. Owen: J. Inorg. Nucl. Chem. 8, 430 (1958).

ein weiteres Symbol hinzugefügt, z. B. $\chi t_{1u,x}$. Aus π-Funktionen der Liganden gebildete Orbitale werden mit $\pi t_{2g,xy}$, $\pi t_{1u,x}$ usw. bezeichnet.

Die Liganden werden numeriert. Ihre räumliche Anordnung ist in Abb. 60 dargestellt. Für ein Metall und für die Liganden sind die in Tabelle 13 wiedergegebenen Orbitale möglich.

Die in Tabelle 13 aufgeführten Kombinationen der einzelnen Ligandenfunktionen zu vereinigten Ligandenfunktionen sollen im folgenden mehr bildlich betrachtet werden. In ganz analoger Weise wie bei der Molekülorbital-Behandlung der Stereochemie können wir durch Kombination der sechs σ-Funktionen der einzelnen Liganden mit gleichen Vorzeichen

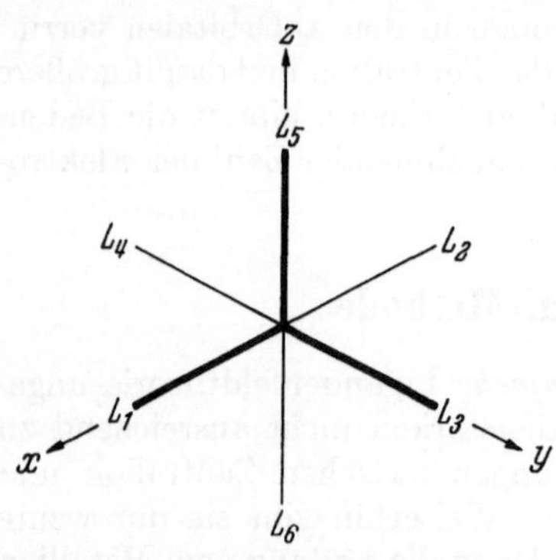

Abb. 60. Anordnung der Liganden für die *MO*-Behandlung der Komplexe

Tabelle 13

Symmetrie-Klassen der Orbitale für oktaedrische Komplexe (nach ORGEL)
(t_{1g}- und t_{2u}-Orbitale sind vernachlässigt)

Metall		Ligand vom σ-Typ	Ligand vom π-Typ
a_{1g}	φ_{4s}	$\chi a_1 = \dfrac{1}{\sqrt{6}}(\sigma_1+\sigma_2+\sigma_3+\sigma_4+\sigma_5+\sigma_6)$	
e_g	$\varphi_{3d_{z^2}}$	$\chi e_{g,z^2} = \dfrac{1}{2\sqrt{3}}(2\sigma_5+2\sigma_6-\sigma_1-\sigma_2-\sigma_3-\sigma_4)$	
	$\varphi_{3d_{x^2-y^2}}$	$\chi e_{g,x^2-y^2} = \dfrac{1}{2}(\sigma_1+\sigma_2-\sigma_3-\sigma_4)$	
t_{1u}	φ_{4p_x}	$\chi t_{1u,x} = \dfrac{1}{\sqrt{2}}(\sigma_1-\sigma_2)$	$\pi t_{1u,x} = \dfrac{1}{2}(\pi_{3x}+\pi_{4x}+\pi_{5x}+\pi_{6x})$
	φ_{4p_y}	$\chi t_{1u,y} = \dfrac{1}{\sqrt{2}}(\sigma_3-\sigma_4)$	$\pi t_{1u,y} = \dfrac{1}{2}(\pi_{1y}+\pi_{2y}+\pi_{5y}+\pi_{6y})$
	φ_{4p_z}	$\chi t_{1u,z} = \dfrac{1}{\sqrt{2}}(\sigma_5-\sigma_6)$	$\pi t_{1u,z} = \dfrac{1}{2}(\pi_{1z}+\pi_{2z}+\pi_{3z}+\pi_{4z})$
t_{2g}	$\varphi_{3d_{xy}}$		$\pi t_{2g,xy} = \dfrac{1}{2}(\pi_{1y}-\pi_{2y}+\pi_{3x}-\pi_{4x})$
	$\varphi_{3d_{xz}}$		$\pi t_{2g,xz} = \dfrac{1}{2}(\pi_{1z}-\pi_{2z}+\pi_{5x}-\pi_{6x})$
	$\varphi_{3d_{yz}}$		$\pi t_{2g,yz} = \dfrac{1}{2}(\pi_{3z}-\pi_{4z}+\pi_{5y}-\pi_{6y})$

und gleichen Koeffizienten (siehe Abb. 61 a) ein vereinigtes Orbital vom σ-Typ, $\chi_{a_{1g}}$, erhalten. Ein Orbital vom π-Typ, $\pi_{t_{1u,z}}$, erhält man, wie aus Abb. 61 b zu ersehen ist, durch Kombination der σ-Funktionen 5 und 6 mit entgegengesetzten Vorzeichen und gleichen Koeffizienten, während die anderen vier Funktionen den Koeffizienten 0 haben. In gleicher Weise kann man durch Kombination der σ-Funktionen 1 und 2 ($\chi_{t_{1u,x}}$) bzw. 3 und 4 ($\chi_{t_{1u,y}}$) zwei weitere vereinigte Funktionen vom π-Typ erhalten. Weitere vereinigte Funktionen vom π-Typ entstehen durch Kom-

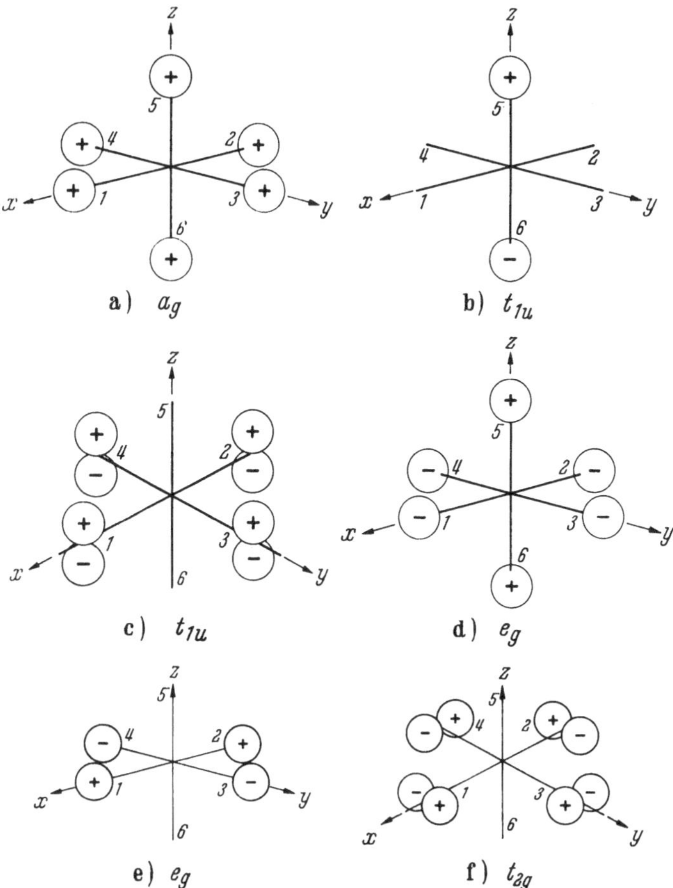

Abb. 61 a-f. Kombination von s- und p-Ligandenfunktionen zur Bildung verschiedener Gesamtfunktionen der Liganden mit der Symmetrie a) a_g, b) t_{1u}, c) t_{1u}, d) e_g, e) e_g, f) t_{2g}

bination von vier einzelnen π-Funktionen der richtigen Art mit denselben Vorzeichen und denselben Koeffizienten, nämlich $\pi_{t_{1u,x}}$, $\pi_{t_{1u,y}}$ und $\pi_{t_{1u,z}}$. Diese Art der Kombination ist für $\pi_{t_{1u,z}}$ in Abb. 61 c dargestellt. Schließlich können auf zweierlei Weise vereinigte Orbitale vom $\varDelta$-Typ gebildet werden. Die vereinigten Orbitale vom d_{z^2}- und $d_{x^2-y^2}$-Typ, d. h. $\chi_{e_{g,z^2}}$ und

$\chi e_{gx^2-y^2}$ können, wie in Abb. 61 d und 61 e gezeigt ist, nur aus σ-Orbitalen der einzelnen Liganden gebildet werden, während sich die vereinigten Orbitale mit d_{xy}-, d_{yz}- und d_{xz}-Symmetrie, nämlich $\pi_{t_{2g,xy}}$, $\pi_{t_{2g,yz}}$ und $\pi_{t_{2gxz}}$ jeweils nur aus vier π-Orbitalen der einzelnen Liganden herstellen lassen. Dies ist in Abb. 61 f für den Fall der Funktion vom d_{xy}-Typ gezeigt. Man sieht, daß zwischen den Ligandenpaaren 1,3 und 2,4 positive und zwischen den Paaren 1,4 und 2,3 negative Orbitallappen gebildet werden.

Ein Atomorbital des Metalls und ein Molekülorbital der Liganden, deren Symmetrie genau übereinstimmt, können nun in zweierlei Weise kombiniert werden und bindende bzw. lockernde Orbitale geben. Der Grund für die Bezeichnung dieser Orbitale als bindend oder lockernd, liegt darin, daß Elektronen in diesen Orbitalen bei der Annäherung der Liganden an das Metallion eine Erniedrigung bzw. Erhöhung der Energie des Systems verursachen. Die Molekülorbitale für oktaedrische Komplexe sind in Tabelle 14 zusammengefaßt.

Tabelle 14

Molekülorbitale für oktaedrische Komplexe (nach ORGEL)
(unter Vernachlässigung von π-Bindungen)

Symmetrie-klasse	Bindende Orbitale	Nicht-bindende Orbitale	Lockernde Orbitale
a_{1g}	$N'_{a_{1g}}\left(\varphi_{4s} + \lambda'\chi a_{1g}\right)$		$N''\left(\chi a_{1g} - \lambda''\varphi_{4s}\right)$
t_{1u}	$N'_{t_{1u}}\left(\varphi_{4p_x} + \mu'\chi t_{1u,x}\right)$ $N'_{t_{1u}}\left(\varphi_{4p_y} + \mu'\chi t_{1u,y}\right)$ $N'_{t_{1u}}\left(\varphi_{4p_z} + \mu'\chi t_{1u,z}\right)$		$N''_{t_{1u}}\left(\chi t_{1u,x} - \mu''\varphi_{4p_x}\right)$ $N''_{t_{1u}}\left(\chi t_{1u,y} - \mu''\varphi_{4p_y}\right)$ $N''_{t_{1u}}\left(\chi t_{1u,z} - \mu''\varphi_{4p_z}\right)$
e_g	$N'_{e_g}\left(\varphi_{3d_{x^2-y^2}} + \nu'\chi e_{g,x^2-y^2}\right)$ $N'_{e_g}\left(\varphi_{3d_{z^2}} + \nu'\chi e_{g,z^2}\right)$		$N''_{e_g}\left(\chi e_{g,x^2-y^2} - \nu''\varphi_{3d_{x^2-y^2}}\right)$ $N''_{e_g}\left(\chi e_{g,z^2} - \nu''\varphi_{3d_{z^2}}\right)$
t_{2g}		$\varphi_{3d_{xy}}$ $\varphi_{3d_{xz}}$ $\varphi_{3d_{yz}}$	

Anmerkung:
N' und N'' sind die Normalisierungsfaktoren für bindende bzw. lockernde Orbitale. Ähnlich bezeichnen λ', μ' und ν' einerseits und λ'', μ'' und ν'' andererseits Koeffizienten, die die relative von Ligand- und Metallfunktionen in bindenden und lockernden Orbitalen berücksichtigen.

Die energetischen Beziehungen zwischen den Molekül-Orbitalen sind für einen hypothetischen Fall in Abb. 62 gezeigt:

Man sieht, daß die t_{2g}-Metallorbitale mit keinen Funktionen der Liganden oder vereinigten Ligandenfunktionen, die aus σ-Orbitalen gebildet sind, übereinstimmen. Daher sind die Elektronen in diesen bei der Annäherung der Liganden verhältnismäßig ungestört und man bezeichnet diese Orbitale als nichtbindend.

Ein wichtiges allgemeingültiges Ergebnis ist dies: Ist ein Molekülorbital aus zwei lokalen Orbitalen(Atomorbitale zweier Partner) von gleicher Energie gebil-

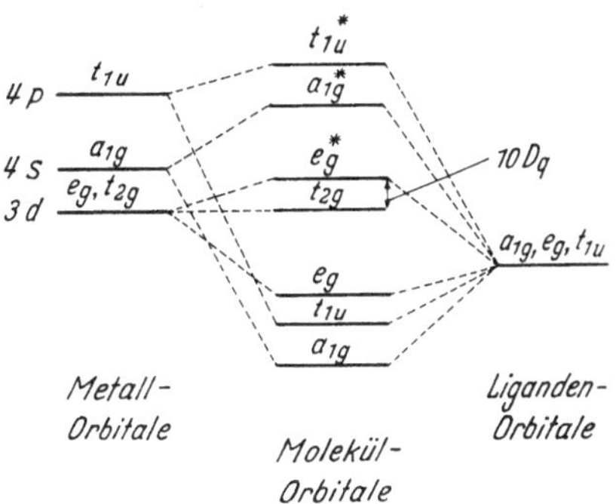

Abb. 62. Die energetischen Beziehungen der Molekülorbitale eines oktaedrischen Komplexes unter Vernachlässigung von π-Bindungen

det, so sind die numerischen Koeffizienten dieser beiden in der bindenden und in der lockernden Funktion gleich. Wenn die lokalen Orbitale aber energetisch verschieden sind, ist im bindenden Molekülorbital der numerische Koeffizient des Orbitals von niedriger Energie größer als der desjenigen mit höherer Energie. In der lockernden Form liegen die Verhältnisse dagegen umgekehrt, d. h. das Orbital mit höherer Energie hat den größeren numerischen Koeffizienten. Dies bedeutet, daß sich die Elektronen in dem bindenden Orbital zeitlich länger in Räumen aufhalten, wo das lokale Orbital von niedriger Energie große Werte hat. Z. B. halten sich in dem Energieniveau-Schema Abb. 62 die Elektronen im bindenden a_{1g}-Orbital mehr bei dem Liganden als am Metall auf. In dem lockernden $a^*{}_{1g}$-Orbital halten sie sich dagegen zeitlichlänger in Räumen auf, wo das lokale Orbital von höherer Energie überwiegt.

Wie Tabelle 14 zeigt, gibt es eine bindende a_{1g}-Funktion, drei entartete bindende t_{1u}-Funktionen und zwei entartete bindende e_g-Funktionen. Betrachten wir deshalb die Plazierung von 12 Elektronen der sechs Liganden und n d-Elektronen des Metalls, so können die ersteren gerade in den bindenden a_{1g}-, t_{1u}- und e_g-Orbitalen untergebracht werden, während die d-Elektronen die nichtbindenden t_{2g}- und lockernden $e^*{}_g$-Orbitale besetzen müssen. Die beiden letzten Niveaus stehen in der gleichen Beziehung zueinander und haben die gleiche Art von Funktion wie in der einfachen Ligandenfeldtheorie. Ihre Aufspaltung ist wieder mit $10\,D_q$ bezeichnet, und es gelten bezüglich ihrer Auffüllung die gleichen Grundsätze.

Ein wichtiger neuer Punkt ist der, daß die t_{2g}-Metallorbitale in ihrer Symmetrie mit Molekülorbitalen vom π-Typ übereinstimmen (siehe Tabelle 13), so daß sie in Wirklichkeit, wenn die Liganden π-Orbitale haben, nicht zur Klasse der nichtbindenden Orbitale gehören. Das ist fast immer der Fall, denn sogar bei Liganden wie Ammoniak ist Hyperkonjugation wenigstens formal möglich und bei Liganden, wie dem CN^--Ion spielt die π-Bindung sogar eine große Rolle. Die t_{2g}-Orbitale werden deshalb in zwei dreifach degenerierte Gruppen bindender und lockernder Orbitale aufgespalten. Diese sind in Tabelle 15 wiedergegeben und in Abb. 63 graphisch dargestellt.

Tabelle 15

Die t_{2g}-Molekülorbitale (nach ORGEL)

$$N'_{t_{2g}}(\varphi 3d_{xy} + k'\pi_{t_{2g,xy}})$$
$$N'_{t_{2g}}(\varphi 3d_{xz} + k'\pi_{t_{2g,xz}})$$
$$N'_{t_{2g}}(\varphi 3d_{yz} + k'\pi_{t_{2g,yz}})$$

$$N''_{t_{2g}}(\pi_{t_{2g,xy}} - k''\varphi 3d_{xy})$$
$$N''_{t_{2g}}(\pi_{t_{2g,xz}} - k''\varphi 3d_{xz})$$
$$N''_{t_{2g}}(\pi_{t_{2g,yz}} - k''\varphi 3d_{yz})$$

Die erste Gruppe liegt relativ zum unbeeinflußten lockernden e^*_g-Orbital niedriger, so daß die Aufspaltung jetzt größer als $10\,D_q$ wird. Dies bedeutet, daß der Ligand „stärker" ist, weil er zur Bildung von π-Bindungen befähigt ist.

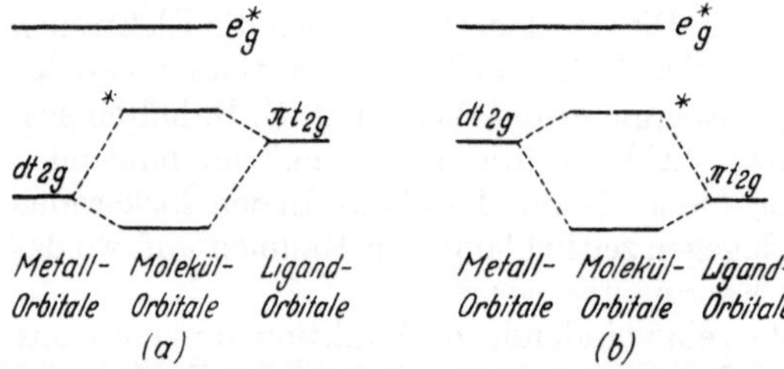

Abb. 63. Die Energieniveaus von t_{2g}-Orbitalen, a) wenn das t_{2g}-Orbital des Metalls stabiler als das Ligandenorbital, b) wenn das t_{2g}-Orbital des Liganden stabiler als das Metallorbital ist

Diese π-Bindungsprozesse verdienen eine weitere Betrachtung. Sind die π-Orbitale des Liganden leer und haben sie eine ziemlich hohe Energie, wie es beispielsweise bei den Phosphinen der Fall ist (es handelt sich hier um die drei d_π-Orbitale des Phosphors), so spielen die π-Bindungen eine große Rolle. ORGEL nimmt an, daß dies der Grund für den niedrigen Spin oder die scheinbare Kovalenz der Phosphin- und Arsinkomplexe ist. Eine starke Wechselwirkung zwischen den Orbitalen des Liganden und den e_g-Orbitalen des Metalls kommt wahrscheinlich weniger in Frage. Wenn die π-Orbitale der Liganden stabil und besetzt sind, wie bei den Halogenatomen, herrschen in den bindenden Orbitalen die Ligandenfunktionen vor, d. h. die Elektronen halten sich hauptsächlich bei den Liganden auf. Wie jedoch durch Elektronenresonanz-Untersuchungen gezeigt worden ist, besteht eine teilweise Delokalisierung. Weiter haben irgendwelche d-Elektronen des Metalls das lockernde t^*_{2g}-Orbital zu besetzen, da das bindende t_{2g}-Orbital von Elektronen des Liganden besetzt ist. Dies führt zu einer Verringerung von $10\,D_q$, d. h. von $e^*_g - t^*_{2g}$ und demzufolge zur Tendenz, Komplexe mit möglichst weitgehend gepaarten Spins zu bilden. Die auf Seite 92 angegebene Reihenfolge der Halogenide, nämlich J^-,

Br⁻, Cl⁻, F⁻ kann dann erklärt werden, wie es in Abb. 64 gezeigt ist, wo die zusätzlichen Effekte der π-Bindungen auf die t_{2g}-Orbitale dargestellt sind.

Je größer die Ionisierungsenergie des Halogen-Ions ist, desto größer ist die Aufspaltung des Ligandenfeldes, d. h. die Aufspaltung $e^*_g - t^*_{2g}$. Solche Effekte spielen wahrscheinlich auch bei den Hydraten eine Rolle.

In Liganden wie dem CN⁻-Ion sind die σ-Orbitale und die beiden bindenden π-Orbitale des Ions besetzt, ein lockerndes π-Orbital vom d_π-Typ ist jedoch leer. Diese Verhältnisse sind in Abb. 65 graphisch dargestellt. (Die schattierten Orbitale sind besetzt.) Für Phosphine gelten die analogen Bemerkungen.

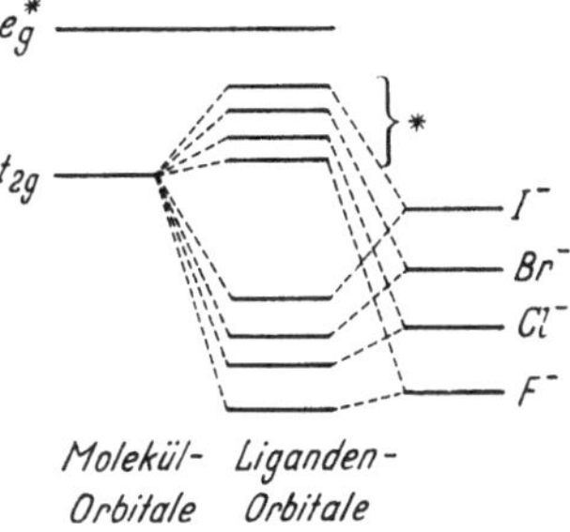

Abb. 64. Die t_{2g}-Molekülorbitale für ein Metallion und verschiedene Halogenionen

Aus Tabelle 13 geht hervor, daß vereinigte, aus π-Orbitalen der Liganden gebildete Orbitale vom t_{1u}-Typ mit solchen kombiniert werden können, die aus den σ-Orbitalen der Liganden und den π-Orbitalen des Metalls (d. h. den t_{1u}-Orbitalen der Tabelle 14) gebildet sind. Dies würde die t_{1u}-Orbitale komplizierter machen und könnte zu einer Stabilisierung des Komplexes als Ganzes führen. Die Beziehung zwischen den t_{2g}- und den lockernden e^*_g-Orbitalen würde dadurch jedoch nicht beeinflußt werden und die auf die d-Elektronen in diesen zwei Orbitalen zurückzuführenden Spins blieben unverändert.

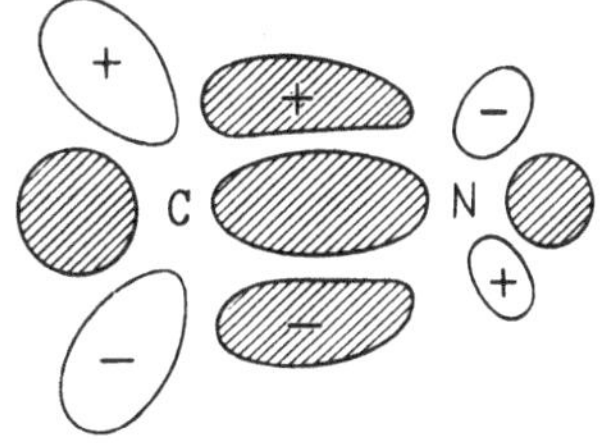

Abb. 65. Graphische Darstellung des unbesetzten $d\pi$-Molekülorbitals des Cyanidions

Energieniveau-Schemata, wie z. B. in Abb. 62 dargestellt, ermöglichen die Analyse der Absorptionsspektren vieler Komplexe. Solche sind vor allem von H. HARTMANN[1] und C. K. JØRGENSEN[2] durchgeführt worden.

ORGEL hat auf die interessante Möglichkeit aufmerksam gemacht, daß die Zustände mit großem oder kleinem Spin auch noch durch andere als die schon betrachteten Effekte stabilisiert werden könnten, nämlich durch die Tendenz des oder der Liganden einen großen oder kleinen Abstand zwischen Ligand und Metall zu begünstigen. Ein Zustand mit kleinem Spin muß durch Übertragung von Elektronen aus den lockernden e^*_g- in nichtbindende t_{2g}-ΔOrbitale gebildet werden. Dieser Austausch entspricht damit auch einer Verringerung des Gleichgewichtsabstandes zwischen Ligand und Metall. Bevorzugt deshalb der Ligand einen kleinen Abstand, so wird er den Zustand mit kleinem Spin begünstigen und umgekehrt.

---

[1] H. HARTMANN: Journ. Inorg. Nucl. Chem. 8, 64 (1958).
[2] C. K. JØRGENSEN: Rapport présenté au Xᵉ Conseil de l'Institut International de Chimie Solvay, Bruxelles, 1956.

Diese Betrachtungen können durch Kurven illustriert werden, die die Energie in Abhängigkeit des Abstandes von Metall und Ligand wiedergeben. Abb. 66 a und 66 b zeigen solche Energiediagramme.

Die ursprüngliche Energie des Komplexes MX_6 ist durch die Linie O angegeben. Es handelt sich hierbei um die Bildungsenergie unter Vernachlässigung der Ligandenfeld-Effekte. Die Energien, die den Zuständen mit großem und kleinem Spin entsprechen sind in Abb. 66 a durch die

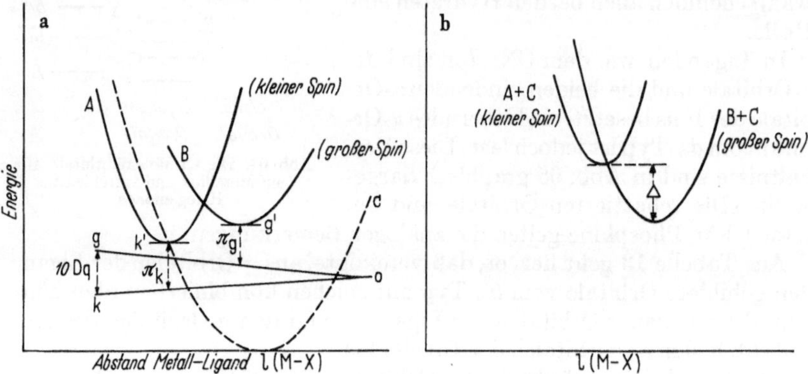

Abb. 66 a u. b. Die Energieänderung in Abhängigkeit vom Abstand des Metallions und der Liganden für die Zustände mit großem und kleinem Spin

beiden Linien g und k dargestellt. Diese divergieren stetig mit abnehmendem Abstand von Metall und Ligand, $l(M—X)$. Dies bedeutet, daß der Wert von $10\,Dq$ mit abnehmendem Abstand $l(M—X)$ zunimmt. Die verschiedenen Elektronen-Wechselwirkungsenergien für die beiden Zustände, die mit Π_g und Π_k bezeichnet sind und die wir beide als positiv ansehen wollen, verändern die Energien der beiden Zustände und führen zu Werten, wie sie durch die beiden horizontalen Linien g′ und k′ bezeichnet sind. Wir nehmen an, daß die Energie des Zustandes mit kleinem Spin niedriger als die des Zustandes mit großem Spin ist, d. h. daß der erstere der stabilere Zustand ist. Bis hierher haben wir jedoch eine mögliche Abhängigkeit der beiden Zustände von der Größe $l(M—X)$ vernachlässigt.

Der günstigere Wert von $l(M—X)$ wird, wie aus dem früher gesagten hervorgeht, für den Zustand mit großem Spin größer als derjenige für den Zustand mit kleinem Spin sein. Diese Werte sind von der Anziehung zwischen Metall- und Ligandionen, der Abstoßung zwischen den Liganden und von dem teilweise kovalenten Charakter, den die Bindung $M—X$ haben kann, abhängig.

Wird $l(M—X)$ verändert, so tritt eine Spannungsenergie auf. Dies ist für den Zustand mit kleinem Spin durch die Parabel A und für den Zustand mit großem Spin durch die Parabel B dargestellt. Die Kurven geben die Spannungsenergie für einen Komplex mit voneinander unabhängigen, individuellen Liganden wieder. Handelt es sich jedoch um eine Chelatgruppe, so sind die koordinativ wirksamen Atome über eines oder mehrere Atome gekoppelt, die einen bestimmten Abstand $l(X—X)$ einzuhalten versuchen. Verändert man aber unter Beibehaltung des Winkels XMX den Abstand $l(M—X)$ für eine Chelatgruppe, so ändert sich auch der Abstand $l(X—X)$. Die dadurch in dem Bindungssystem auftretende Spannungsenergie wird durch die Parabel C dargestellt. Wir wollen annehmen, daß sie ihr Minimum bei einem etwas größeren Wert von $l(M—X)$ hat als die Kurve B. Die Gesamtenergie, nämlich die ursprüngliche Komplexbildungsenergie, die Ligandenfeldenergie, die Elektronen-Wechselwirkungsenergie und die gesamte Spannungsenergie würde für den Zustand mit großem Spin durch die Summierung der Kurven B und C und für den Zustand mit kleinem Spin durch Summierung der Kurven A und C erhalten werden. Die summierten Kurven sind in Abb. 66 b gezeigt. Man sieht, daß zwei neue Parabeln entstehen. Die minimale Energie für den Zustand mit großem Spin liegt jetzt beträchtlich niedriger als diejenige für den Zustand mit kleinem Spin, d. h. der Zustand mit großem Spin ist durch die Spannungsenergie stabilisiert worden. Andere Formen sterischer Effekte, wie z. B. die Abstoßung zwischen Chelatgruppen, haben ähnliche Einflüsse auf die Energiekurven.

Wenn der Energieunterschied Δ verglichen mit kT groß ist, existiert der Komplex fast ausschließlich im Zustand mit großem Spin. Sind dagegen kT und Δ vergleichbar groß, so wird der Komplex in verschiedenen magnetischen Zuständen vorliegen und sein magnetisches Moment wird von der Temperatur abhängen. Im vorliegenden Fall wird das magnetische Moment mit steigender Temperatur kleiner werden. Wäre dagegen der Zustand mit kleinem Spin bei niedrigen Temperaturen stabil, so würde das magnetische Moment mit steigender Temperatur zunehmen.

Es ist interessant, daß der tris-o-Phenanthrolin-Komplex von Eisen(II) Diamagnetismus zeigt, während der entsprechende tris-2-methyl-o-Phenanthrolin-Komplex paramagnetisch und viel weniger stabil ist. Dies mag auf sterische Effekte zurückzuführen sein[1].

Eisen(II)-Protoporphyrin hat bei allen Temperaturen ein vier ungepaarten Elektronen entsprechendes magnetisches Moment. Dagegen hat Phthalocyanineisen(II) ein Moment, das mit sinkender Temperatur kleiner wird. In diesem Falle scheint es demnach einen paramagnetischen Zustand zu geben, der um einige hundert Kalorien höher als der diamagnetische Zustand liegt.

Ein Punkt, der bis jetzt noch unerwähnt blieb, ist die Anwendung der Ligandenfeldtheorie auf das Reaktionsvermögen der Komplexe. Diese hat sich tatsächlich als sehr wichtig erwiesen[2]. Eine eingehende Diskussion an dieser Stelle würde jedoch zu weit führen. Auf die am Eingang dieses Kapitels angeführten Erfordernisse einer befriedigenden Theorie rückblickend, sieht man aus den Beispielen und Hinweisen der vorigen Abschnitte, daß die Ligandenfeldtheorie ihnen besser als die älteren Theorien genügt.

---

[1] 1. H. M. N. H. IRVING: Persönliche Mitteilung. 2. Siehe L. E. ORGEL: Rapport présenté au Xe Conseil de l'Institut International de Chimie Solvay, Bruxelles, Mai 1956, Seite 326.

[2] F. BASOLO und R. G. PEARSON: Mechanism of Inorganic Reactions. New York: JOHN WILEY & SONS, 1958.

7. Die Aromaten-Komplexe der Übergangsmetalle

a) Einführung

Einen wichtigen Fortschritt der präparativen anorganischen Chemie in neuerer Zeit bildete die Entdeckung und erstaunlich rasche Entwicklung der Klasse der Übergangsmetall-Verbindungen mit Cyclopentadienyl-Ringen, C_5H_5, oder Benzolringen, C_6H_6, als Liganden. Die Existenz dieser Verbindungen war auf der Grundlage der einfachen Valenzbindungstheorie so schwer zu erklären, daß es einer der Erfolge der Molekülorbital-Behandlung ist, eine relativ einfache und plausible Erklärung liefern zu können.

Obwohl die anfängliche Entdeckung der Verbindungen zufällig war, ist doch der Hauptteil der folgenden Arbeit unter Zuhilfenahme irgendwelcher Theorien geplant worden. Dies ist ein Beispiel dafür, daß auch eine sehr grobe Theorie als Führer für den präparativ arbeitenden Chemiker genügen kann. Oft ist nur für die mehr in die Einzelheiten gehende Erklärung der Eigenschaften eine verfeinerte Theorie notwendig.

b) Die Cyclopentadienyl-Komplexe

Als erste dieser Verbindungen wurde das Dicyclopentadienyl-Eisen, $Fe(C_5H_5)_2$[1, 2], entdeckt. Es stellt eine orangerote kristalline Substanz dar, die in vielen organischen Lösungsmitteln löslich ist. Sie sublimiert oberhalb 100^0 C leicht, widersteht Temperaturen bis 470^0, wird von Wasserstoff unter Verwendung von Raney-Nickel als Katalysator selbst bei 150^0 und 150 atm. noch nicht hydriert und ist sehr hydrolysebeständig. Ihre bemerkenswerte Stabilität, die an die Stabilität eines aromatischen Ringes erinnert, und die Substitutionsreaktionen, deren Ausführung möglich ist, gaben Anlaß dazu, die Substanz als Ferrocen zu bezeichnen. Die Verbindung wurde zuerst so formuliert, wie es Abb. 67 a zeigt. Diese Formulierung war jedoch mit keiner der Eigenschaften der Verbindung in Einklang zu bringen. Das Infrarot-Spektrum der Verbindung ist sehr einfach und zeigt eine einfache Valenzschwingungs-Frequenz der C—H-Schwingung, und die Verbindung ist unpolar und diamagnetisch. Es wurde daher später eine Struktur vorgeschlagen, in der die beiden fünfgliedrigen Ringe des Cyclopentadienyls parallel liegen und diese das Eisenatom ein-

---

[1] T. J. KEALY u. P. L. PAUSON: Nature **168**, 1039 (1951).
[2] S. A. MILLER, J. A. TEBBOTH u. J. F. TREMAINE: Journ. Chem. Soc. **1952**, 632.

schließen (Literaturangaben zu den frühen Arbeiten siehe in zusammen-
fassenden Artikeln[1], [2]). Einen direkten Beweis für eine solche „Sand-

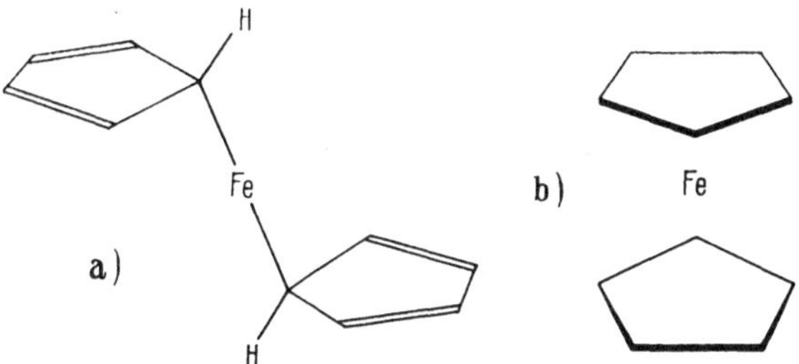

Abb. 67 a u. b. a) Frühe Formulierung von $Fe(C_5H_5)_2$, b) „Sandwich"-Struktur von Ferrocen

wich"-Struktur lieferte die Röntgenstrukturanalyse, die zeigte, daß das
Molekül eine pentagonal-antiprismatische Struktur hat, wie sie Abb. 67 b
zeigt.

In der Folge wurden zahlreiche weitere Verbindungen des gleichen
Typs hergestellt; sowohl solche, in denen das Metall eine andere Oxyda-
tionszahl hatte, wie auch unter Verwendung verschiedener Metalle als
Zentralatom. So läßt sich das Ferrocen leicht zu $[Fe^{III}(C_5H_5)_2]^+$ und die
Kobaltverbindung $Co(C_5H_5)_2$ leicht zu dem sehr stabilen Ion $[Co(C_5H_5)_2]^+$
oxydieren. Heute kennt man Verbindungen aller Metalle der ersten
Übergangsreihe. Titan bildet beispielsweise eine stabile Verbindung
$(C_5H_5)_2TiCl_2$ und eine sehr leicht oxydierbare Verbindung $(C_5H_5)_2TiCl$
neben einer ebenfalls sehr leicht oxydierbaren Verbindung $Ti(C_5H_5)_2$.

Die Verbindungen haben meist kleine magnetische Momente oder sind
diamagnetisch, außer der Mangan(II)-Verbindung, die eine interessante
Ausnahme darstellt, weil sie beim Übergang von tiefen Temperaturen zu
höheren Temperaturen bis 158–159° C steigende Werte des magnetischen
Moments zeigt. Oberhalb dieser Temperatur unterliegt sie einer Umwand-
lung in eine andere kristalline Modifikation mit einem magnetischen
Moment, das 5 ungepaarten Spins entspricht. In Mischkristallen mit
$Mg(C_5H_5)_2$ zeigt die Manganverbindung bei allen Temperaturen einen
großen Spin.

Obwohl einige der Verbindungen sehr stabil gegen Hydrolyse sind,
werden andere augenblicklich hydrolysiert. Letzteres gilt für die Alkali-
metallverbindungen und die Verbindungen der Lanthaniden, die auch in
flüssigem Ammoniak und in anderen ionisierenden Lösungsmitteln elek-
trolytisch leitende Lösungen geben und mit $FeCl_2$ leicht unter Bildung
von Ferrocen reagieren. Sie sind demnach salzartig gebaut. Die Magne-
siumverbindung hat jedoch eine Elementarzelle, die in ihrem Charakter
und ihren Dimensionen der der Übergangsmetall-Verbindungen ähnlich
ist. Andererseits ist die Mangan(II)-Verbindung wiederum salzartig.

Anders als diese Verbindungen ist die Verbindung $(C_5H_5)_2Si(CH_3)_2$ gebaut. Hier mag der Fall vorliegen, daß die Cyclopentadienylringe durch

[1] P. L. Pauson: Quart. Review, 9, 391 (1955).
[2] E. O. Fischer: Angew. Chemie 67, 475 (1955).

gewöhnliche, lokalisierte Einfachbindungen zwischen einem Kohlenstoffatom und dem Siliciumatom gebunden sind. Man weiß aber noch nicht,
bei welchen Elementen der Wechsel in der Bindungsart stattfindet.

Man kennt heute viele Verbindungen, die gleichzeitig Cyclopentadienyl-
und Carbonylgruppen als Liganden besitzen. Die Elemente mit ungerader Kernladungszahl bilden einkernige Verbindungen der Formel
$(C_5H_5)Me(CO)_x$, während die Elemente mit gerader Kernladungszahl
zweikernige Verbindungen der Formel $[(C_5H_5)Me(CO)_x]_2$ bilden. x ist
gleich der Zahl der Elektronenpaare, die notwendig sind, um dem Metall die Elektronenkonfiguration des nächsten Edelgases zu erteilen,
wenn jede Cyclopentadienylgruppe mit 6 Elektronen dazu beiträgt, also
z. B. $[(C_5H_5)Co(CO)]_2$ oder $[(C_5H_5)Fe(CO)_2]_2$. Auch einige Nitrosogruppen
als Liganden enthaltende Verbindungen sind bekannt, z. B. $(C_5H_5)Ni(NO)$.
Für sie gilt die „Edelgasregel" ebenfalls.

c) Theorie der Struktur von Ferrocen

α) Lokalisierte Orbitale. Mit Ausnahme der Olefinkomplexe, die meist
nicht so sehr stabil und weniger zahlreich sind, schien die Struktur
dieser Verbindungen ganz neue Probleme aufzuwerfen. RUCH und FISCHER
schlugen vor, daß in Ferrocen von jedem Cyclopenta-
dienylion $(C_5H_5)^-$ sechs Elektronen in $2p_\pi$-Orbitalen
des Kohlenstoffs an das zentrale Metallion abgegeben
werden, das seinerseits sechs durch Hybridisierung von
zwei $3d$-, dem $4s$- und den $4p$-Funktionen gebildete
Orbitale benützt, um die Donor-Bindungen einzugehen
(vgl. Abb. 68).

Auf diese Weise wird ein Komplex gebildet, den
PAULING als kovalent bezeichnen würde (Durchdrin-
gungskomplex). In der Sprache der Ligandenfeldtheorie wäre er als Komplex mit kleinem Spin zu bezeichnen.

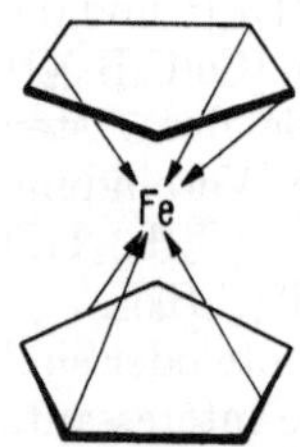

Abb. 68. Lokalisierte Bindungen in Ferrocen

RUCH und FISCHER meinen, daß ihre Theorie die außerordentliche Stabilität des Ferrocens erklärt. Das Eisenatom in Ferrocen hätte danach
eine Edelgasschale (Kryptonschale) wie z. B. im $[Fe(CN)_6]^{--}$-Ion. Tatsächlich zeigt das Röntgen-Absorptionsspektrum keinerlei Anzeichen
für leere $4p$-Orbitale des Eisens und unterstützt damit diese Theorie.
Man muß jedoch den Nachteil älterer Theorien für die Komplexbildung
in Kauf nehmen, daß das Zentralatom in einer sehr unwahrscheinlichen
Weise eine starke negative Ladung erhält.

β) Delokalisierte Orbitale. DUNITZ und ORGEL[1], JAFFÉ[2] und MOFFITT[3]
entwickelten andere auf der MO-Behandlung beruhende Theorien, die im
Grunde alle miteinander übereinstimmen. Der wesentliche Inhalt dieser
Theorien ist der folgende. Zunächst werden aus den fünf $2p_\pi$-Orbitalen

[1] J. D. DUNITZ und L. E. ORGEL: Nature **171**, 121 (1953); J. D. DUNITZ und
L. E. ORGEL: J. Chem. Phys. **23**, 954 (1955).
[2] A. H. JAFFÉ: J. Chem. Phys. **21**, 156 (1953).
[3] W. MOFFITT: J. Am. Chem. Soc. **76**, 3386 (1954).

der Kohlenstoffatome jedes Cyclopentadienylrings vereinigte Orbitale hergestellt. Das Ergebnis sind ein Orbital vom Σ-Typ, das mit cpa_1 bezeichnet wird, zwei mit $cp\frac{\pm}{1}$ bezeichnete Orbitale vom Π-Typ und zwei mit $cp\frac{\pm}{2}$ bezeichnete Orbitale vom Δ-Typ. Diese sind in Abb. 69 a–e

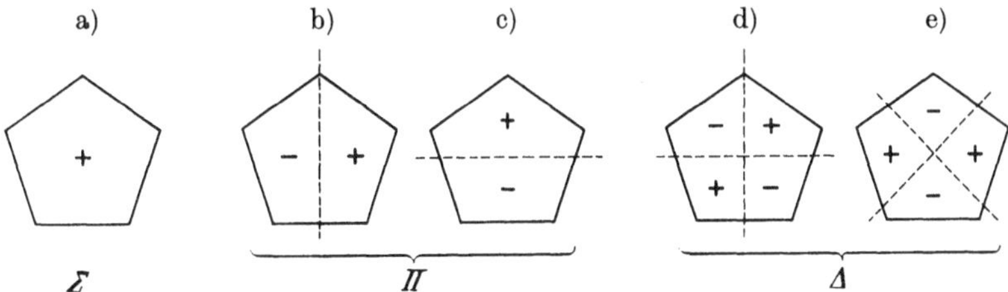

Abb. 69 a–e. Die Molekülorbitale für die Cyclopentadienylgruppe

dargestellt. Die vereinigten Orbitale für jeden Ring A und B werden dann in den verschiedenen Weisen, die ihre Symmetriecharakteristika erlauben, miteinander zu Molekülorbitalen, die das gesamte Ringsystem miteinbeziehen, kombiniert. Diese sind (unter Verwendung von MOFFITTS Notation) durch die Gl. (7.1–7.6) wiedergegeben:

$$cpa_{1g} = (cp_Aa_1 + cp_Ba_1) \qquad (7.1) \qquad cpa_{1u} = (cp_Aa_1 - cp_Ba_1) \qquad (7.4)$$

$$cpe^{\pm}_{1\,g} = (cp_Ae^{\pm}_1 + cp_Be^{\pm}_1) \qquad (7.2) \qquad cpe^{\pm}_{1\,u} = (cp_Ae^{\pm}_1 - cp_Be^{\pm}_1) \qquad (7.5)$$

$$cpe^{\pm}_{2\,g} = (cp_Ae^{\pm}_2 + cp_Be^{\pm}_2) \qquad (7.3) \qquad cpe^{\pm}_{2\,u} = (cp_Ae^{\pm}_2 - cp_Be^{\pm}_2) \qquad (7.6)$$

Schließlich werden diese Orbitale Gl. (7.1–7.6) mit den Orbitalen des Eisenatoms kombiniert (wenn Ferrocen als Beispiel dienen soll) und daraus, wieder unter Beachtung der betreffenden Symmetriecharakteristika, Molekülorbitale für das ganze Molekül gebildet. Einige der so entstehenden Molekülorbitale sind bindend, einige nicht bindend.

So können die cpa_{1g}-Funktion mit den $4s$- oder den $3d_{z^2}$-Funktionen, die cpa_{1u}-Funktion mit der $4p_z$-Funktion, die $cpe^{\pm}_{1\,g}$-Funktion mit der $3d_{xz}$- oder $3d_{yz}$-Funktion, die $cpe^{\pm}_{1\,u}$-Funktion mit der $4p_x$- oder $4p_y$-Funktion und die $cpe^{\pm}_{2\,g}$-Funktion mit der d_{xy}- oder der $d_{x^2-xy^2}$-Funktion kombiniert werden. Bevor wir das daraus resultierende Energieniveau-Schema, das in Abb. 71 gezeigt ist, näher betrachten, müssen wir den Blick noch auf ein wichtiges Ergebnis, zu dem die Bildung der Orbitale des gesamten Ringsystems führt, lenken. Die Elektronen sind den voneinander unabhängigen Ringen wie folgt zugeordnet:

$$(cp_Aa_1)^2(cp_Ae^{\pm}_1)^3; \quad (cp_Aa_1)^2(cp_Be^{\pm}_1)^3$$

Für die kombinierten Ringe gibt es drei Möglichkeiten der Zuordnung,

$$(cpa_{1g})^2(cpa_{1u})^2(cpe^{\pm}_{1\,g})^2(cpe^{\pm}_{1\,u})^4$$

$$(cpa_{1g})^2(cpa_{1u})^2(cpe^{\pm}_{1\,g})^3(cpe^{\pm}_{1\,u})^3$$

$$(cpa_{1g})^2(cpa_{1u})^2(cpe^{\pm}_{1\,g})^4(cpe^{\pm}_{1\,g})^2$$

von denen alle zwei ungepaarte Elektronen haben. Weiter haben sie untereinander und verglichen mit den Zuordnungen für die unabhängigen Ringe die gleiche Gesamtenergie und deshalb die gleiche Resonanzenergie. Aus diesem Grunde können drei beliebige Anordnungen für die

Bindungsbildung mit dem Metall verwendet werden, ohne daß irgendwelche Resonanzenergie verloren geht. MOFFITT hält dies für einen wichtigen Grund der großen Stabilität des Ferrocens.

Ein weiterer Punkt muß noch eingehender besprochen werden. Die Felder der Elektronen an den Cyclopentadienylringen werden die in ihrer Umgebung befindlichen Elektronen des Eisenatoms abstoßen. Dies verursacht nach der Ansicht MOFFITTS eine Hybridisierung der $4s$-[1] und $3d_{z^2}$-[2] Funktionen, die wegen ihrer Symmetrien mit sa_{1g} und da_{1g} bezeichnet werden können. Diese Hybridisierung führt zu

$$ha_{1g} = \frac{1}{\sqrt{2}}\,(da_{1g} + sa_{1g}) \text{ und } ka_{1g} = \frac{1}{\sqrt{2}}\,(da_{1g} - sa_{1g})$$

Eine dieser Funktionen (ha_{1g}) hat in Richtung der $+z$- und der $-z$-Achse eine reduzierte Elektronendichte und ist daher bindend. Die andere Funktion (ka_{1g}) ist lockernd. Sie sind in Abb. 70 graphisch dargestellt.

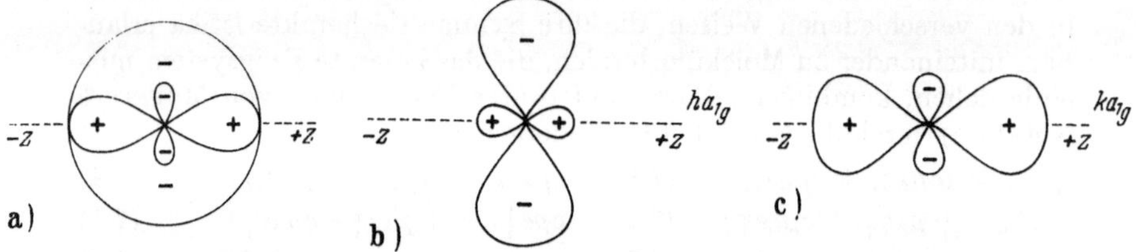

Abb. 70 a–c. Die Hybridisierung der sa_{1g}-($4s$-) und der da_{1g}-($3d_{z^2}$-) Funktionen, a) die isolierten Funktionen, b) die kombinierte Funktion ha_{1g}, c) die kombinierte Funktion ka_{1g}

Wenn wir diese Punkte beachten, können wir jetzt verstehen, welche Art von Energieniveau-Schema resultiert. Zwischen den von MOFFITT einerseits und von DUNITZ und ORGEL andererseits aufgestellten Energieniveau-Schemata gibt es geringe Unterschiede, da die Autoren den verschiedenen Hybridisierungen und Kombinationen mehr oder weniger Gewicht beimessen. Der Einfachheit halber ist in Abb. 71 das Schema von DUNITZ und ORGEL wiedergegeben, da dieses für einige grobe Schätzungen von Energien verwendet wurde.

Die ausgezogenen horizontalen Linien zeigen die unter Vernachlässigung der Hybridisierung von $3d_{z^2}$- und $4s$-Funktionen erhaltenen Energieniveaus. Die Aufspaltungen, die von Kombinationen der Orbitale des Eisenatoms und des gesamten Ringsystems herrühren, sind durch doppelpfeilige Schlangenlinien miteinander verbunden. Sie sind Kombinationen von:

1) den cpa_{1g}- und den $4sa_{1g}$ (Fe)-Orbitalen,

2) den $cpe^{\pm}_{1g}$- und den $3de^{\pm}_{1g}$ (Fe)-Orbitalen und

3) den $cpe^{\pm}_{2g}$- und den $3de^{\pm}_{2g}$ (Fe)-Orbitalen.

Die geschätzten Effekte der Hybridisierung von $3d_{z^2}$- und $4s$-Funktionen sind durch horizontale gebrochene Linien dargestellt.

---

[1] Diese Funktion hat drei kugelförmige Knoten, so daß ihr äußeres Gebiet ein negatives Vorzeichen hat.

[2] Die Achse auf der sich die Ringe dem Eisenatom nähern soll die z-Achse sein.

Die Elektronenbesetzungen der verschiedenen Linien sind durch Zahlen in Klammern versinnbildlicht. Man sieht, daß die von den Cyclopenta-

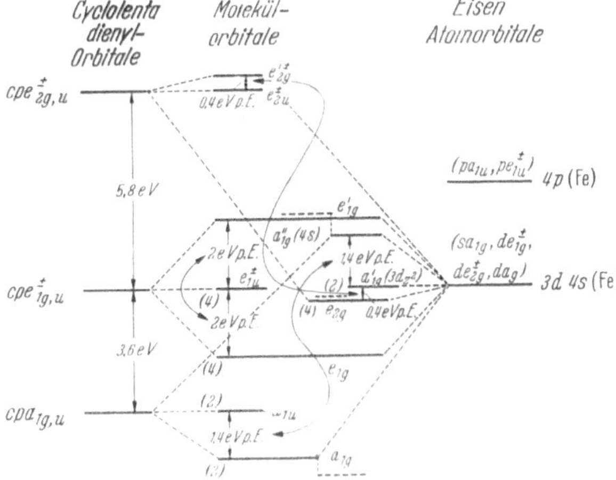

Abb. 71. Energieniveau-Schema für Ferrocen nach Dunitz und Orgel

dienylringen (10) und dem Eisenatom (8) zur Verfügung gestellten Elektronen in bindenden oder in nichtbindenden Orbitalen untergebracht
werden können. Es brauchen keine lockernden Orbitale besetzt zu werden. Aus den geschätzten Aufspaltungen erhält man für die gesamte Bindungsenergie einen groben Wert von 12,4 e. V $\approx$ 286 kcal/mol.

$$2 \cdot 1,4 = 2,8 \text{ e. V}$$
$$4 \cdot 2 = 8,0 \text{ e. V}$$
$$4 \cdot 0,4 = 1,6 \text{ e. V}$$
$$\overline{ 12,4 \text{ e. V}}$$

Um die beobachtete Bildungswärme, H_f, abzuleiten, ist es dann notwendig, die Energie, die nötig ist, um das Eisenatom in einen Valenzzustand zu bringen, sowie die Abstoßungsenergie zwischen nichtbindenden
Elektronen und außerdem den Resonanzenergieverlust in den Cyclopentadienylringen (Moffitts Darstellung auf Seite 109 ist nur in erster Annäherung für einen großen Ringabstand gültig) abzuschätzen. Abstoßungsenergie und Resonanzenergieverlust betragen zusammen ungefähr
2–3 e. V ($\approx$ 60 kcal/Mol) und würden für eine Reihe von Dicyclopentadienylverbindungen ungefähr ebenso groß sein. Die Energie, die notwendig ist, um das Metallatom in einen Valenzzustand zu bringen, hängt
in weitem Maße von der Art des Metalls ab; für Eisen gilt wahrscheinlich
ein Wert von 125 kcal/Mol. Für Ferrocen ergibt sich daher für H_f ein
Wert von etwa 286 — (60 + 125) = 101 kcal/Mol, der mit dem gemessenen Wert von 147 kcal/Mol nicht sehr gut übereinstimmt. In Dicyclopentadienylnickel müssen zwei Elektronen ein lockerndes Orbital besetzen, offensichtlich das e'_{1g}-Orbital, da diese Verbindung entsprechend

2 ungepaarten Spins paramagnetisch ist. Die gesamte Bindungsenergie ist 4 e. V kleiner als die des Ferrocens. Sie beträgt 194 kcal/Mol und die Anhebungsenergie ist zu 28 kcal/Mol geschätzt. So errechnet sich die Bildungswärme zu 194 — (60 + 28) = 106 kcal/Mol. Dieser Wert stimmt mit dem beobachteten von 123 kcal/Mol einigermaßen gut überein.

Diese Berechnungen haben den Effekt der $4p$-Orbitale des Eisens nicht berücksichtigt, von denen das pa_{1u}- mit dem niedrig liegenden cpa_{1u}-Orbital und das pe_{1u}- mit dem nichtbindenden $cpe^{\pm}_{1u}$-Orbital kombiniert werden könnte. Sie zeigen aber dennoch die Nützlichkeit dieser Methode zur Behandlung von Strukturproblemen.

Die Dimensionen der Eisen- und Nickelverbindungen stimmen mit dieser Ansicht überein. In den ersteren beträgt der Metall-Kohlenstoff-Abstand 2,05 Å, in den letzteren 2,18 Å. In den Eisenverbindungen ist jedoch der C—C-Abstand im Ring wahrscheinlich erheblich größer als in den Nickelverbindungen, wie aus den entsprechenden Schwingungsfrequenzen und ebenso aus den a-Dimensionen der Elementarzelle und aus Elektronenbeugungsbeobachtungen hervorgeht.

LIEHR und BALLHAUSEN[1] haben eine Behandlung, die auf der Ligandenfeldtheorie beruht, auf das Problem, die Energieniveaus zu berechnen, angewendet, um die magnetischen Eigenschaften besser erklären zu können. Sie nahmen an, daß die Energien der nichtbindenden $de^{\pm}_{2g}$-, da_{1g}- und der sa_{1g}-Orbitale durch effektive Ladungen am Cyclopentadienylring verändert werden. Die bemerkenswerte Neigung der Mangan(II)-Verbindungen, den Zustand mit großem Spin beizubehalten, ist auf dieser Grundlage erklärt.

Um diese formale Beschreibung verständlich zu machen, ist die Übersetzung in Ausdrücke der „Bindungen" sehr hilfreich. Der Hauptbeitrag zur Bindungsenergie rührt von der Auffüllung der bindenden e_{1g}-Orbitale mit 4 Elektronen her (s. S. 111). Dies entspricht, grob gesagt, der Aussage, daß die Bindung hauptsächlich zwei π-Bindungen, die zwischen Eisen und den Cyclopentadienylringen gebildet werden, zuzuschreiben ist. Daneben gibt es zusätzliche Beiträge aus den Kombinationen zwischen a_{1g}-Orbitalen, die das niedrigere Orbital stabilisieren. Die Destabilisierung des höheren Orbitals spielt keine Rolle, zumindest nicht in Ferrocen, da es nicht aufgefüllt zu werden braucht. Dies entspricht der Bildung einer Donor-σ-Bindung von den Cyclopentadienylringen zum Eisenatom in Richtung der z-Achse, wobei durch teilweise Hybridisierung der Elektronen in diesem überfüllten Gebiet mit $4s$- und $3d_{z^2}$-Orbitalen etwas Raum geschaffen wird. Drittens gibt es einen kleinen Beitrag aus Kombinationen des e_{2g}-Orbitals, was der Bildung von Donor-δ-Bindungen vom Metall zu den Ringen entspricht, nämlich eine vom d_{xy}-, die andere vom $d_{x^2-y^2}$-Orbital. Die beiden Arten von Donor-Bindungen weisen einander entgegengesetzte Richtungen auf, so daß sich die Polaritäten, zu denen sie einzeln Anlaß gäben, aufheben. Wenn die $3d$- und $4s$-Niveaus des freien Eisenatoms ungefähr die gleiche Energie haben wie die π-Niveaus der Cyclopentadienylringe, werden die π-Bindungen zwischen

---

[1] A. D. LIEHR u. C. J. BALLHAUSEN: Acta. Chem. Scand. 11, 207 (1957).

ihnen nicht polar sein. Von diesem Standpunkt aus gibt es deshalb weder an den Ringen noch am Eisenatom eine große Ansammlung von negativer Ladung. Liegen die $3d$- und $4s$-Niveaus höher als im Eisen, dann werden die Cyclopentadienylringe dazu neigen, eine höhere negative Ladung zu tragen und letzten Endes werden salzartige Verbindungen gebildet.Mit abnehmender Zahl von d-Elektronen können daher die σ-Donor-Bindungen wichtiger werden, während die Bedeutung der δ-Donor-Bindungen abnimmt.

Aus verschiedenen Gründen ist ein mehr definiertes Valenzbindungsbild nützlich. Wir können sagen, daß jedes π-System demjenigen in CO_2, für das wir Resonanz zwischen zwei Strukturen annehmen können, sehr ähnlich ist (vgl. Abb. 72).

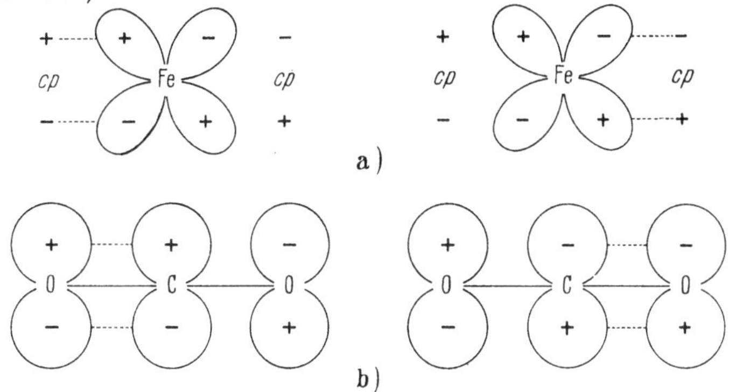

Abb. 72 a u. b. Kanonische Strukturen mit π-Bindungen a) für Ferrocen, b) für Kohlendioxyd

Dies heißt in anderen Worten, daß die π-Bindungen nicht zwischen dem Eisenatom und einem Ring lokalisiert sind. In ähnlicher Weise sind auch die Donor-Bindungen nicht lokalisiert.

γ) Äquivalente Orbitale. LINNETT[1] hat für die aromatischen Komplexe der Übergangsmetalle eine Molekülorbital-Behandlung entwickelt, die interessant und einleuchtend ist. Dabei müssen die $4p$-Orbitale des Eisenatoms in die Rechnung einbezogen werden. In den von DUNITZ und ORGEL beschriebenen Berechnungen war dies nicht der Fall. Es schien dort unwahrscheinlich, daß die Werte durch die Berücksichtigung dieser Orbitale, die vermutlich relativ zu den kombinierten Ligandenorbitalen von hoher Energie waren, stark beeinflußt würden (vgl. Abb. 71). Die möglichen Kombinationen sind jedoch auf S. 116 beschrieben. Es ist bekannt, daß eine Gruppe von Molekülorbitalfunktionen des nichtlokalisierten Typs manchmal in eine äquivalente Gruppe verwandelt werden kann, in der jede Funktion ihr Gebiet mit maximalem Wert in einem anderen Teil des Raumes hat, d. h. lokalisiert ist. LINNETT hat dies im vorliegenden Fall durchgeführt. Auf der ersten Stufe der Rekombination können die Orbitale mit den gleichen Symmetrien bezüglich der Symmetrieachse des Atoms (z-Achse) kombiniert werden, d. h. die Orbitale vom a-Typ, vom e_{1u}-Typ oder vom e_{2g}-Typ.

---

[1] J. W. LINNETT: Trans. Farad. Soc. **52**, 904 (1956).

Auf diese Weise wird ein Orbitalpaar vom Σ-Typ (oder a-Typ), das zwischen dem Eisenatom und jedem der beiden Ringe konzentriert ist, gebildet und analog werden zwei Paare vom Π-Typ (oder $e\mp u$-Typ) lokalisiert (vgl. Abb. 73).

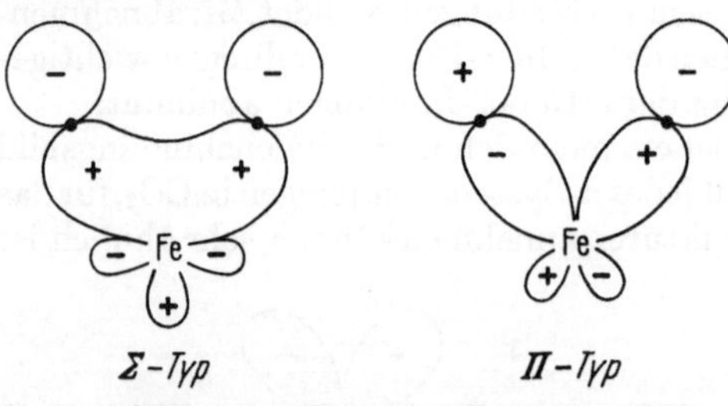

Abb. 73. Orbitale vom Σ-Typ und Π-Typ in einer Hälfte eines Ferrocenmoleküls nach LINNETT (die z-Achse hat die Richtung der Symmetrieachse des Moleküls)

Das Paar, bzw. die Paare resultieren in Wirklichkeit aus der Einbeziehung des p_z-(a_{1u}-) Orbitals mit entweder positivem oder negativem Vorzeichen. Die drei verbleibenden Funktionen sind auf dieser Stufe unverändert und bestehen aus einer Funktion vom Σ-(oder a-)Typ (der ha_{1g}-Funktion) u. zwei Funktionen vom Δ-(oder e_{2g}-)Typ, die ihre Maxima in der xy-Ebene haben und durch das Eisenatom laufen.

C. G. HALL und J. LENNARD-JONES[1] zeigten für den Fall des Acetylens, daß eine Σ-Funktion und 2 Π-Funktionen zu drei gleichen und äquivalenten neuen Funktionen kombiniert werden können, deren Gebiete maximaler Werte nicht auf der z-Achse liegen und die eine genaue, regelmäßig trigonale Gruppe bilden.

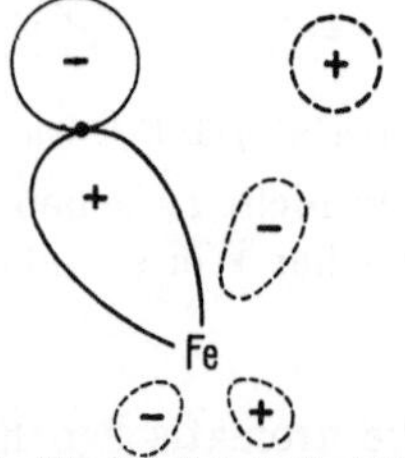

Abb. 74. Eine lokalisierte Funktion in einer Hälfte eines Ferrocenmoleküls nach LINNETT (die z-Achse hat die Richtung der Symmetrieachse des Moleküls)

Der zweite Schritt in diesem analogen Fall ist demnach die Rekombination der teilweise lokalisierten Gruppen von Σ- und π-Funktionen zwischen dem Metall und jedem Ring zu zwei trigonalen Gruppen von noch stärker lokalisierten Funktionen, die beide bezüglich der z-Achse unsymmetrisch sind. Eine der Gruppen ist in Abb. 74 dargestellt.

Die Natur dieser Funktionen macht es nicht erforderlich, daß die zwei trigonalen Gruppen, eine zwischen dem Eisenatom und dem einen Ring, die anderen zwischen dem Eisenatom und dem anderen Ring, irgendwelche bestimmte Orientierungen relativ zueinander einnehmen. LINNETT schlägt vor, daß die Abstoßung zwischen den Elektronen in diesen Funktionen die zwei Gruppen veranlaßt, sich so zu orientieren, daß eine verzerrte oktaedrische Anordnung der Hauptlappen gebildet wird. Aber auch dies macht es nicht nötig, daß die Cyclopentadienylringe selbst in bestimmter Weise orientiert sind, so daß sie wahrscheinlich relativ zu einander frei rotieren können.

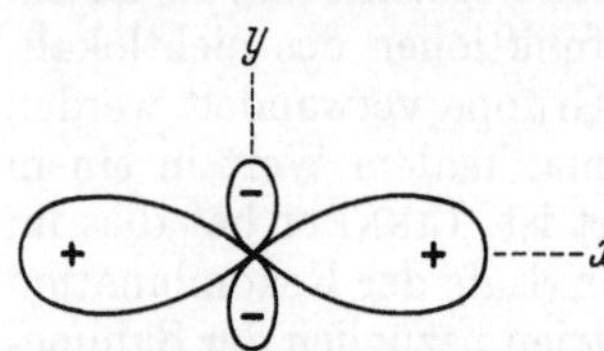

Abb. 75. Eine der drei d-artigen Funktionen in der xy-Ebene nach LINNETT

Die drei in der xy-Ebene konzentrierten Funktionen, eine Funktion vom Σ-Typ und zwei Funktionen vom Δ-Typ, können ebenfalls zu einer regelmäßig

---

[1] Proc. Roy. Soc. **205 A**, 357 (1951).

trigonalen Gruppe von drei neuen Funktionen kombiniert werden, deren jede eine modifizierte δ-Funktion darstellt, wie in Abb. 75 gezeigt ist. Sie haben eine höhere Energie als die sechs oben beschriebenen Funktionen.

Auf diese Weise sind neun neue lokalisierte Funktionen gebildet worden, die eine klare geometrische Struktur ergeben und genau ausreichen,
um 18 Elektronen unterzubringen. Dies scheint die Anwendung der
„Edelgasregel" auf Ferrocen und seine verwandten Verbindungen zu
rechtfertigen, da das Eisenatom sozusagen eine Kryptonschale erhält.
Man kann sagen, daß die Stabilität durch die Energieniveaus und nicht
durch die qualitative Geometrie bestimmt wird. Die Geometrie ist quantitativ wegen der besonderen Elektronenverteilung, die sie verursacht,
bedeutsam. Die Elektronenverteilung hängt von den besonderen Koeffizienten für die verschiedenen Komponenten der Funktionen ab. Es
könnte sein, daß wenn die $4p$-Funktionen für die Gesamtenergie nicht
sehr maßgebend sind, die Elektronenverteilung in den von LINNETT abgeleiteten Funktionen keinen großen Elektronenverschiebungen von der
Art entspricht, wie sie bei der Ruch-Fischerschen Formulierung anscheinend auftreten. Dann würde am Eisenatom keine große negative Ladung
angesammelt werden. PAULING beschreibt eine Behandlung in Ausdrük-
ken von Resonanz zeigenden kovalenten Bindungen, die den Eisen-
Kohlenstoff-Abstand zu 2,05 Å (beobachtet 2,05 Å) und den Kohlenstoff-
Kohlenstoff-Abstand zu 1,445 Å (beobachtet 1,435 Å) gibt.

d) Verbindungen mit verschiedenartigen Liganden

Obwohl der sehr stabile Prototyp der aromatischen Komplexe der Übergangsmetalle, das Ferrocen, 18 Elektronen aus den Ringen und den d-Or-
bitalen des Eisenatoms hat und deshalb dem Metall eine Edelgaskonfigura-
tion zugesprochen werden kann, haben viele der bekannten Verbindungen
andere Zahlen. Kobalt-di-cyclopentadienyl hat ein Elektron mehr und wird
sehr leicht oxydiert. Dagegen wird Nickel-di-cyclopentadienyl mit 20 Elektronen zwar leicht zu $[Ni^{III}(C_5H_5)_2]^+$ oxydiert, nicht aber zu $[Ni^{IV}(C_5H_5)_2]^{++}$.
Die Verbindung $(C_5H_5)_2TiCl_2$ enthält nur $10 + 4 + 2 = 16$ Elektronen
und ist trotzdem sehr stabil. Es scheint nicht leicht ein Anion, d. h.
$[(C_5H_5)_2TiCl_3]^-$ zu bilden, um dadurch die Elektronenzahl[1] zu vergrößern,
während andererseits Ferrocen leicht zu $[Fe(C_5H_5)_2]^+$ mit 17 Elektronen
oxydiert werden kann. Das Ferroceniumion ist sehr stabil.

Die früher dargelegten Vorstellungen können auf die gemischten Verbindungen, wie auf die oben erwähnten Halogenide, Carbonyle und
Nitrosyle angewendet werden.

Die Titanverbindungen $(C_5H_5)_2TiX_2$, wobei X = Cl, Br oder J sein
kann, sind polare Verbindungen ($\mu = 5,57\ D$; $5,75\ D$ bzw. $6,89\ D$), woraus hervorgeht, daß die beiden Cyclopentadienylringe wahrscheinlich
nicht parallel zueinander liegen, sondern auf einer Seite gegeneinander
geneigt sind, um mit den Halogenatomen eine C_2- oder C_{2v}-Gesamtsym-
metrie zu geben. $(C_5H_5)_2Ti(C_6H_5)_2$ ist für eine Verbindung, bei der alle
Gruppen Kohlenwasserstoffe sind (vorläufige Röntgenstrukturunter-

---

[1] $(C_5H_5)_2Ti(C_6H_5)_2$ reagiert jedoch mit Phenyllithium zu $[(C_5H_5)_2Ti(C_6H_5)_3]$ Li.

8*

suchungen zeigen, daß sie C_2-Symmetrie hat), ebenfalls bemerkenswert (polar $\mu = 2,78\ D$). Die C_2-Symmetrie und die Polarität können wie folgt erklärt werden, wobei die Sprache der Valenzbindung benützt werden soll:

Das $4s$- und die $3d_{xy}$-, $3d_{xz}$- und $3d_{yz}$-Orbitale des Titanatoms, die alle von geradem Typ sind, könnten durch Hybridisierung vier äquivalente, nach den Tetraederachsen ausgerichtete Orbitale vom σ-Typ bilden. Damit aber vier Orbitale mit guten Bindungseigenschaften gebildet werden, ist es notwendig, daß zu einem gewissen Ausmaß ungerade $4p_x$-, $4p_y$- und $4p_z$-Funktionen an der Kombination beteiligt sind, obwohl diese eine höhere Energie haben. Zwei der vier hybridisierten Orbitale können für die Bindungen mit den Halogenatomen verwendet werden, während die beiden anderen mit den a_1-Orbitalen der zwei Cyclopentadienylringe vereinigt werden. Die $3d_{z^2}$- und $3d_{x^2-y^2}$-Orbitale des Titans können zu zwei Orbitalen hybridisieren, die bezüglich der ursprünglichen σ-Orbitale eine Symmetrie vom π-Typ haben[1], so daß sie mit den $e_{\overline{1}}^{\ddagger}$-Orbitalen der Cyclopentadienylringe kombiniert werden können.

Die Polarität der Ti—X-Bindungen wird die Elektronegativität des Titanatoms relativ zu den Cyclopentadienylringen vergrößern, d. h. die Energie der $3d$- und $4s$-Orbitale erniedrigen und die Differenz zwischen ihr und den $e_{\overline{1}}^{\ddagger}$-Niveaus der Cyclopentadienylringe verkleinern. Demzufolge werden die zwei Elektronen jeder der π-Bindungen zwischen Titan und den beiden Ringen nicht sehr ungleich geteilt sein, d. h. es wird keinen großen Dipol im Sinne $(C_5H_5)^-\ Ti^+$ geben.

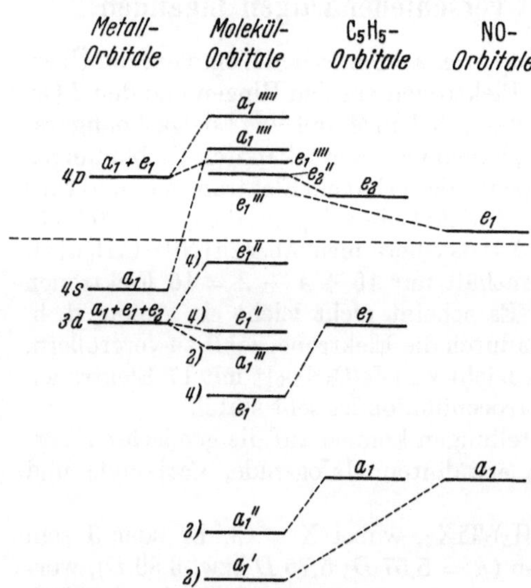

Abb. 76. Energieniveau-Schema für Nitrosocyclopen-
tadienyl-Nickel nach ORGEL

Die Ausbildung einer Donor-a_1-Bindung ist relativ leicht, da die Atomorbitale des Titans von diesem Typ nicht besetzt sind (die beiden letzten Elektronen des Titans sind für die kovalenten π-Bindungen verwendet worden) und da die Halogenatome eine positive Ladung verursachen. Dies hat eine Polarität im Sinne $(C_5H_5)^+Ti^-$ zur Folge.

Bei dieser Betrachtung sind die $4p$-Orbitale nicht einbezogen. Zwei davon könnten aber mit den tetraedrischen Orbitalen vom π-Typ kombiniert werden, wenn ihre Energie genügend niedrig ist.

Die Molekülorbital-Behandlung der Nitrosyle und Carbonyle ist wegen

---

[1] G. E. KIMBALL: J. Chem. Physics, **8**, 188 (1940); Dr. S. ALTMANN, Mathem. Institut, Oxford, Privatmitteilung.

des Unterschiedes in der Art der Liganden verwickelt. ORGEL[1] schlägt für $(C_5H_5)Ni(NO)$ das in Abb. 76 gezeigte Energieniveau-Schema vor, das auf Grund ähnlicher Argumente entwickelt wurde, wie sie für Ferrocen verwendet worden sind. Die Elektronenbevölkerung der Orbitale ist durch die Zahlen in Klammern ausgedrückt. Man sieht, daß die Niveaus unterhalb der gebrochenen Linie für 18 Elektronen ausreichen.

ORGEL nimmt an, daß $4p_\pi$-$3d_\pi$-Hybridisierung in zweierlei Weise vorkommt, um eine verbesserte Überlappung mit dem Cyclopentadienylring bzw. mit dem NO-Liganden zu ergeben. Dies führt zu einem niedrigen e_1'-Molekülorbital und einem höheren e_1''-Molekülorbital, das jedoch noch bindend ist.

Es ist sehr bemerkenswert, daß die Edelgasregel für die gemischten Nitrosyle und Carbonyle sehr allgemein anwendbar ist. Die Regel für die Formeln der Carbonyle (S. 108) kann auf dieser Grundlage erklärt werden, d. h. in $(C_5H_5)Co(CO)_2$ haben wir $5 + 9 + 4 = 18$ Elektronen, nämlich 5 Elektronen vom Cyclopentadienylring und zwei von jeder CO-Gruppe. Die Nitrosylgruppe liefert drei Elektronen, wie z. B. in $(C_5H_5)Ni(NO)$.

In der zweikernigen Verbindung

$$
\begin{array}{ccc}
 & \overset{\displaystyle O}{\underset{\displaystyle \|}{}} & \\
CO & C & \\
| & & \\
(C_5H_5)Fe & & Fe(C_5H_5) \\
& C & | \\
& \| & CO \\
& O &
\end{array}
$$

entfallen auf jedes Eisenatom $5 + 8 + 2 + 1 + 1 + 1 = 18$ Elektronen, in der zweikernigen Verbindung

$$
\begin{array}{c}
CO\ CO\ CO \\
\diagdown\ |\ \diagup \\
(C_5H_5)Mo\text{———}Mo(C_5H_5) \\
\diagup\ |\ \diagdown \\
CO\ CO\ CO
\end{array}
$$

auf jedes Molybdänatom ebenfalls $5 + 6 + 2 + 2 + 2 + 1 = 18$ Elektronen.

Es ist möglich, daß die Regel in diesen Fällen gut erfüllt wird, weil die Doppelbindung zwischen den Nitrosyl- oder Carbonylgruppen einer Anhäufung von negativer Ladung am Metall entgegenwirkt.

Es hätten viele andere Beispiele eingehender betrachtet werden können, denn die Anzahl der neuen Verbindungen dieser Klasse ist außerordentlich groß. Die bisherige Diskussion soll aber genügen, um die grundlegenden Theorien der letzten Jahre darzustellen und zu illustrieren.

Abschließend sei noch gesagt, daß sich der präparativ arbeitende Chemiker mit Vorteil der Edelgasregel bedient. Durch solche einfacheren Betrachtungsweisen wurden

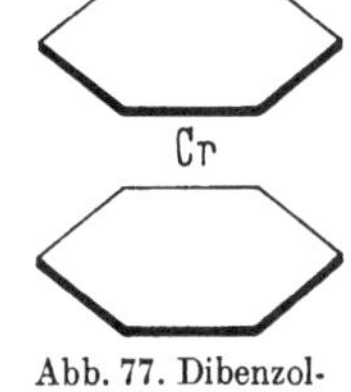

Abb. 77. Dibenzolchrom

FISCHER und HAFNER[2] zu Versuchen angeregt, das mit Ferrocen isoelektronische Dibenzolchrom darzustellen, die erfolgreich waren (Abb. 77).

---

[1] L. E. ORGEL: J. Inorg. Nucl. Chem. 2, 315 (1956).
[2] E. O. FISCHER u. N. HAFNER: Z. Naturf. 10 B, 665 (1955).

Namenverzeichnis

Sachverzeichnis